KB196632

제과제빵 이론과 실기, 최신 트렌드 내용 수록

제과제빵의 미래를 선도하는

K-Bread

나성주 · 하현수 · 이소영 공저

(주)백산출판사

Preface

1890년대 이 땅에 외국인 선교사들에 의해 빵이 출현한 이래 우리나라에도 다양한 형태의 제과산업이 발전해 왔으며, 지속적인 경제성장과 식생활 방식의 변화 속에서 빵을 소비하는 우리 문화도 점점 더 확대되고 있다.

식단의 서구화로 인한 전 국민적인 제과제빵류의 소비 증가, 특별한 경험을 원하는 젊은 세대의 가심비 소비 등으로 사회 전반에 걸쳐 많은 분에게 베이커리에 관한 모든 사항은 삶과 밀접한 관계를 맺게 되었다. 이에 따라 국내 제과제빵 시장과 관련 산업 전반이 매우 큰 폭으로 증가하게 되었으며, 대한민국의 제과제빵 산업은 사회적으로나 문화적으로 우리의 식생활 전반에 아주 큰 부분을 차지하고 있다. 관련 산업 종사자들의 기술력과 창의력 또한 나날이 늘어 대한민국 국적의 많은 파티시에들이 해외 유수의 조리대회, 베이커리 관련 대회에서 수상하고 있으며, 베이킹 기술의 역수출로 우리의 제과제빵 기술을 해외에 전파하는 시대가 되었다.

이렇게 커진 국내 제과제빵 산업은 단순한 먹거리의 생산단계를 넘어 우리의 우수한 토속 식재료를 빵, 과자 제품에 포함시키는 웰빙(well-being)식품으로서의 가치를 창출하고 있으며, 근래에는 설탕공예, 빵공예, 슈거공예 등 제과제품을 응용한 예술작품으로 승화시켜 먹는 즐거움뿐만 아니라 소비자의 오감을 자극하는 종합산업으로서 그 범위를 확대해 가고 있다.

또한, 소비자 자극을 넘어 작금에 이르러서는 소비자가 직접 베이킹을 하며 제품을 창작하고, 기업이 이를 아이템 삼아 제품을 출시하는 등 소비자와 판매자 간에 경계의 벽이 허물어지며 소비자가 곧 판매자가 되고 판매자가 곧 소비자가 되는 제과제빵 문화가 확산되고 있다.

이러한 사회문화적 현상을 반영한 다양한 제과제빵 관련 서적이 만들어지고 있으며, 취미로 제과제빵을 하는 분들을 위한 서적 또한 수준이 많이 높아져 자신의 목표에 따라 적합한 것을 골라 꾸준히 학습한다면 좋은 성과를 거둘 수 있게 되었다. 독자들의 책 선택 폭 또한 많이 넓어졌음을 느낀다.

필자는 특급호텔 제과장, 대한민국 제과기능장으로서 30년 이상 현장에서 근무하며 각국의 다양한 VIP의 빵과 디저트를 전담하였으며, 세계 대회 수상 등 각종 수상경력 등에서 쌓인 노하우와 경험을 이 책에 담아내기 위해 많은 노력을 하였다.

또한 SPC 하현수 수석, 대한민국 제과기능장 이소영 박사 등 국내 특급호텔이나 대학, 학원 등 베이커리 관련한 모든 교육현장과 산업현장에서 활발하게 활동 중인 베테랑들이 다년간의 경험에 의해 검증된 최신의 지식과 기술들을 수록하였다.

이 책에는 제과제빵 이론과 제과제빵 실기, 최신 트렌드 내용을 수록하여 처음 제과 공부를 하는 학생들도 쉽게 이해할 수 있고 실전 베이킹에 대한 경험을 이론적으로 뒷받침할 수 있도록 하였다. 실기 과정에 대한 핵심적인 설명과 더불어 주요 공정에 대한 사진을 첨가하여 쉽게 이해할 수 있도록 하였고, 결과 제품 사진도 함께 실어 제품의 이해를 돕도록 하였다.

이제 책은 교수자와 학습자의 단순한 매개체가 아니라 생각을 자극하고, 창조적인 아이디어를 이끌어내는 '두레박'으로서의 역할이 기대되고 있다. 모쪼록 제과산업에 진출하고자 처음 이 분야에 발을 디디는 학생부터 제과현장에서 좀 더 발전하고자 노력하는 직업인에 이르기까지 본서를 통해 제과 산업사회의 유능한 인재로서의 자질을 기르고 심도 있는 기술을 습득하는 데 좋은 밑거름이 되길 바란다.

저자 일동

Contents

───────

Part 1
이론편

Part 2
실기편

Part 1

이론편

I
제빵의 정의

빵은 밀가루나 그 외 곡물에 이스트, 소금, 물 등을 첨가해서 반죽을 만든 후 이를 발효시켜 오븐에서 구운 것이다.

1 개요 - 빵의 분류

빵은 밀가루와 물을 주재료로 하여 반죽하고 발효시킨 뒤 익힌 것이다.

1) 빵의 일반적인 분류

(1) 용도에 따른 분류

① 식빵류

식빵은 주식용이며 설탕 함유량이 5~8%로 담백한 맛을 낸다.

- 틀구이빵 : 전밀빵, 호밀빵, 건포도 식빵, 옥수수 식빵 등
- 직접구이빵 : 프랑스 빵, 이탈리아 빵, 독일빵 등
- 철판구이빵 : 소프트롤

② 과자빵류

- 단팥빵, 크림빵, 잼빵
- 스위트롤, 데니쉬 페이스트리 등

③ 특수빵류

- 찐빵 : 중화 만주
- 튀김 : 도넛류
- 2번 구운 빵 : 러스크류, 브라운 앤 서브 롤

④ 조리빵류

- 샌드위치, 피자, 햄버거, 카레빵 등

(2) 팽창제 사용 유무에 따른 분류

① 발효빵

밀가루, 계란, 설탕, 이스트 등의 재료를 넣고 발효시켜 만든 빵

② 무발효빵

파이반죽과 같이 구성 재료를 이용해 접고 밀기 하여 만든 빵

③ 속성빵

화학적 팽창제를 사용해서 만든 빵

(3) 가열형태에 따른 분류

① 오븐에 구운 빵

일반적인 모든 빵이 여기에 해당됨

② 기름에 튀긴 빵

고로케, 도넛 등이 여기에 해당됨

③ 스팀에 찐 빵

찐빵 등이 여기에 해당됨

(4) 틀 사용 유무에 따른 분류

① 형틀 사용빵 : 틀이나 철판을 사용해 구운 제품
② 하스 브레드 : 오븐에 직접 닿게 하여 구운 제품

(5) 빵의 색깔에 의한 분류

① 흰빵 : 풀먼 브레드 등 보통 식빵류이며 빵 속의 색이 하얀 것을 말한다.
② 갈색빵 : 단과자빵류의 일종으로 흰빵보다 색이 짙다.
③ 흑빵 : 특수재료(흑빵곡분)를 넣어 만든 빵(누게트,미슈로트)을 말한다.

2 제빵법

(1) 스트레이트법

준비한 빵 반죽의 재료를 모두 믹서에 넣고 한번에 반죽하는 방법이다.
다음과 같은 과정을 거친다.

① 재료계량

재료를 저울로 정확히 계량한다.

② 반죽

반죽시간은 대체로 15~25분 정도이며 반죽온도는 25~28℃(보통 27℃)이다.

③ 1차 발효

혼합된 반죽이 가볍고 부드러운 제품으로 만들어지기 위해서는 이스트에 의한 적절한 발효시간을 갖게 해야만 한다. 발효기간 동안에 직접법의 경우 약 2~3배의 반죽 팽창이 있다. 반죽이 끝나면 온도 27℃, 상대습도 75~80%인 발효실에서 1~3시간 발효시킨다.

> **※ 1차 발효 완료점을 판단하는 방법**
> • 반죽의 부피가 처음의 3.5배로 부푼 상태
> • 반죽을 들어올리면 실모양 같은 직물구조가 보일 때
> • 손가락에 밀가루를 묻혀 반죽을 눌렀을 때 조금 오므라드는 상태

④ 분할

발효가 끝난 반죽을 발효실에서 꺼내어 원하는 제품의 크기로 나누는 공정을 말한다. 덧가루를 많이 사용하면 반죽에 영향을 미치게 되므로 분할 시에는 덧가루를 가능하면 적게 사용하는 것이 좋다. 그리고 분할 중이라도 반죽은 계속 발효 중이므로 빠른 시간 안에 분할을 끝내는 것이 좋다.

⑤ 둥글리기

분할한 반죽을 표피가 매끄러운 공 모양으로 둥글리기하는 작업을 말하며 둥글리기의 목적은 다음 공정을 쉽게 진행할 수 있게 하고, 글루텐의 재정돈, 가스를 반죽 내로 균일하게 분산시키기 위함이다.

⑥ 중간발효

중간발효는 둥글리기한 반죽을 다음 공정에 들어가기 전까지 휴식하게 하는 것으로 상대습도 75%, 온도는 28~29℃ 정도인 곳에서 20분 정도 발효시킨다. 이는 중간발효 동안 반죽이 발효되어 탄력 있고 유연해지기 때문이다.

⑦ 정형

정형에는 밀어 펴기와 모양잡기의 과정이 있는데 먼저 밀어 펴기는 중간발효가 끝난 반죽을 밀대나 기계적으로 밀어 펴 원하는 크기, 두께로 만들기 위한 공정이다. 반죽 내의 큰 가스를 제거하고 작은 가스가 균일하게 분산되도록 하며 너무 넓게 혹은 작은 모양으로 밀어 펴지 않도록 한다. 큰 가스를 제거하지 않으면 제품의 내부에 큰 기공이 생

겨 품질을 저하시킨다. 다음에 모양잡기는 반죽을 밀대로 펴서 반죽의 가스를 제거한 뒤 팬의 모양이나 형태에 맞도록 모양을 만들어 넣는 작업을 말한다. 예를 들면 바게트 빵, 식빵 등이 여기에 속한다.

⑧ 팬닝

모양잡기가 끝난 반죽을 평철판에 일정한 간격으로 정렬하거나, 모양틀에 넣는 것을 말하며 평철판에 정렬할 때 발효 후 제품이 서로 달라붙지 않도록 최대한 벌려서 배열하는 것이 좋다. 모양 있는 팬에 넣을 때는 팬의 좌우에 동일하게 위치하도록 하고 반죽의 이음매가 바닥에 놓이도록 한다.

※ 이형유를 너무 많이 바르면 굽기 중 반죽에 튀김 현상이 나타나 제품의 질을 저하시킨다. 이형유는 발연점이 높아야 하며, 쇼트닝이나 면실유 등은 그냥 사용하지만 옥수수유, 팜올레인유 등은 유화제와 물을 첨가해서 사용한다.

⑨ 2차 발효

팬에 넣는 반죽은 발효를 위하여 일정한 조건(온도 35~43℃, 상대습도 85~90%, 30~60분)의 발효실에 넣어 원하는 크기만큼 발효시키는 것을 말한다. 2차 발효를 통해서 원하는 제품의 부피를 얻게 되며 발효시간이 길다고 무한정 제품이 크고 좋아지는 것은 아니다. 일정한 시간이 경과한 후에는 오히려 부피의 감소와 외형상의 불균형 등 여러 가지 나쁜 결과들이 나타나게 된다. 따라서 정확한 발효시간은 각 업장에서 미리 제품에 맞는 표준 발효시간을 책정해야 하며, 최적의 발효시간은 이러한 표준시간을 참고해서 오랜 경험에 의해서만 구할 수가 있다. 일반적으로 손가락으로 눌러보아 약간의 자국이 남아 있을 때를 2차 발효의 완료시점으로 한다.

※ 발효온도가 낮으면 발효가 지연되어 생산성이 좋지 않다.

⑩ 굽기

2차 발효가 끝난 반죽을 오븐에 넣어 굽는 과정을 말한다. 대체로 큰 빵은 낮은 온도에서 길게, 작은 빵은 높은 온도에서 짧게 구워준다.

※ 팽창의 원리

- 반죽 내로 열이 침투하면 가스의 압력이 증가하여 팽창한다.
- 오븐열에 의하여 온도가 상승하면 탄산가스의 용해성이 감소하여 반죽 중의 물에 남아 있던 탄산가스가 이탈되어 반죽으로부터 방출하여 팽창한다.
- 이스트의 효소 활성이 활발하여 탄산가스나 휘발성 물질을 많이 배출함으로써 반죽 내의 액체(물)와 알코올의 휘발 등으로 용적이 팽창된다.

⑪ 냉각

구워진 제품은 팬에서 이탈시켜 냉각시킨다. 냉각은 철망이나 락크를 이용하며 자연적으로 실온에 두어 냉각시킨다. 단 과도한 냉각은 제품을 건조하게 만들어 식감이 좋지 않다.

⑫ 포장

제조된 빵을 인체에 무해한 용기나 포장지를 이용하여 포장하는 것으로 제품의 특성, 유행, 소비자 취향 등에 따라 위생적으로 한다. 포장을 소비자에게 보기에 좋도록 하여 제품의 가치를 높이며, 미생물 오염이나 그 이외의 유해물질로부터 보호하고 수분증발을 막아 건조를 방지하여 식감을 유지하고 노화를 방지한다. 제품의 품온이 35~40.5℃까지 냉각되었을 때 포장하며 이 온도가 미생물 증식을 최소화할 수 있다. 냉각되면 빨리 포장하는 것이 맛을 유지할 수 있어 좋다.

(2) 스펀지법

반죽을 2번에 걸쳐 반죽하는 방법으로 밀가루, 물, 이스트, 이스트푸드를 섞어 적어도 2시간 이상 발효시킨 뒤, 이것(스펀지)을 나머지 재료와 섞어 반죽한다.
표1은 스트레이트법과 스펀지법의 장단점을 비교한 것이다.

스트레이트법과 스펀지법의 장단점

	스트레이트법	스펀지법
장점	한번에 반죽이 끝나므로 힘이 덜 든다.	이스트 사용량을 20% 줄여도 된다.
	전체 발효시간이 짧아 발효 손실이 적다.	비교적 빵의 부피가 크고 속결과 촉감이 부드럽다.
	반죽 내구력이 좋다.	발효시간을 약간 지나쳐도 본반죽 단계에서 조절할 수 있다.
		노화가 지연된다.
단점	일정한 발효시간이 정확히 지켜져야 하기 때문에 시간적인 융통성을 발휘할 수 없다.	2번에 걸쳐서 반죽해야 하기 때문에 노동력,전력,시간이 많이 든다.
	제품의 결이 두껍고 고르지 못하며 노화가 빠르다.	발효 손실이 크다.

① 재료계량

스트레이트법과 동일하게 정확히 저울로 계량한다.

② 스펀지 만들기

물, 밀가루, 이스트, 이스트푸드로 반죽을 만든다. 대개 반죽시간은 4~6분 정도이며 반죽온도는 22~26℃ 사이이다.

③ 스펀지 발효

위에서 만든 반죽을 온도 27℃, 상대습도 75~80%인 발효실에서 3~5시간 발효시킨다. 이때 스펀지 온도가 5~5.5℃ 상승하게 된다.

※ 스펀지 발효 완료점

반죽의 부피가 처음의 4~5배로 부푼 상태가 되었을 때와 수축현상이 일어나 반죽 중앙이 오목하게 들어가는 현상(DROP 드롭)이 생길 때 스펀지 발효가 다 되었다고 판단한다.

④ 본반죽 만들기

위의 스펀지와 본반죽용 재료를 한데 넣고 섞는다.

반죽시간은 대개 8~12분 정도 걸리며 반죽온도는 25~29℃ 정도가 좋다.

⑤ 플로어 타임

반죽대 위에서 반죽을 휴지시켜 주는 과정이며 스트레이트법의 중간발효와 같은 개념이지만 용도에서 다음과 같이 약간의 차이가 있다.

대개 발효시간은 20~40분 정도이다.

※ 일반적으로 반죽시간이 길어지면 플로어 타임도 길어진다. 또 스펀지에 사용한 밀가루양과도 관계가 있어 그 양이 많을수록 시간은 짧아진다.

※ 플로어 타임을 주는 이유

본반죽을 끝냈을 때 약간 처진 반죽을 탱탱하게 만들어 분할하기 쉽게 하기 위함이다.

다음의 공정들은 스트레이트법과 동일하다.

⑥ 분할

15~20분 이내에 분할을 마무리한다.

⑦ 둥글리기

반죽 표면을 매끄럽게 처리한다.

⑧ 중간 발효

발효시간은 10~15분 정도 준다.

⑨ 정형·팬닝

일정한 모양으로 만들어서 팬닝한다.

⑩ 2차 발효

대체로 온도 35~43℃, 상대습도 85~90%의 발효실에서 발효시킨다.

⑪ 굽기

제품별 적정한 온도에서 굽는다.

⑫ 냉각

포장하기에 적당한 온도(35~40℃)까지 냉각한다.

⑬ 포장

제품에 알맞게 포장한다.

(3) 액체발효법

액종을 이용한 제빵법으로 액종은 이스트, 설탕, 소금, 이스트푸드, 맥아에 물을 넣어 섞어준 뒤 완충제로 탈지분유나 탄산칼슘을 넣어 pH 4.2~5.0의 액종을 만든다. 발효시간이 짧은 것이 특징이나 발효에 따른 글루텐의 숙성과 풍미를 기대하기 어려운 점이 있다.

(4) 연속식 제빵법

액종법을 진전시킨 방법으로 각각의 공정이 자동화된 기계의 움직임에 따라 연속 진행하는 방법이다. 대규모 공장에서 단일품목을 대량으로 생산하기에 알맞은 방법이다.

가장 큰 장점은 믹서, 발효실, 분할기, 라운더, 중간발효기, 정형기, 연결 컨베이너를 따로 둘 필요없어 설비와 설비공간이 좁다는 것이다. 또한 기계가 자동으로 움직여 노동력을 1/3 정도 감소시키는 효과가 있으며 발효손실 또한 적다. 단점으로는 일시적으로 설비 투자액이 많이 든다는 것이다.

(5) 비상반죽법

표준보다 반죽시간을 늘리고 발효속도를 촉진시켜 전체 공정시간을 줄임으로써 짧은 시간 안에 제품을 만드는 방법을 말한다.

※ 스트레이트법, 스펀지법을 비상 스트레이트법으로 바꿀 때 꼭 필요한 조치사항

① 1차 발효시간을 줄인다.

② 반죽시간을 늘린다(20~25%).

③ 발효속도를 촉진시킨다(이스트의 사용량은 2배).

④ 반죽온도를 30~31℃로 유지한다.

⑤ 반죽의 되기와 반죽의 발달 정도 조절. 가수량(물)을 1% 줄인다.

⑥ 설탕 사용량을 1% 줄인다.

※ 선택적 조치사항 4가지

① 소금의 사용량을 1.75% 줄인다.

② 분유의 사용량을 1% 줄인다.

③ 이스트푸드 사용량을 늘린다.

④ 식초를 0.25~0.75% 사용한다.

(6) 재반죽법

모든 재료를 한데 넣고 물만 조금(8%) 남겨두었다가 발효한 뒤 믹서 볼에 나머지 물을 넣고 반죽하는 방법으로 다음과 같은 장점이 있다.

※ 장점

• 공정상 기계내성 양호

• 스펀지법에 비해 짧은 제조시간

• 균일한 제품으로 식감이 양호

• 색상이 양호

(7) 노타임 반죽법

발효시간의 길고 짧음에 관계없이 산화제와 환원제의 사용량을 늘리고 기본적으로 스트레이트법을 따르면서 표준시간보다 오랜 시간 고속으로 반죽하여 전체적인 공정시간을 줄이는 방법. 소위 무발효 반죽법이라고 한다.

노타임 반죽법은 브롬산 칼륨, L-시스테인 같은 산화·환원제를 사용하는 화학적 숙성법이다.

(8) 찰리우드법

영국 찰리우드 지역에서 만들며 고속으로 반죽할 수 있는 반죽기를 이용함으로써 화학적 발효에 따른 반죽의 숙성을 대신한다.

(9) 냉동 반죽법

1차 발효를 끝낸 반죽을 −18~−25℃에 냉동 저장하여 필요할 때마다 꺼내어 쓸 수 있도록 반죽하는 방법이다.

(10) 오버나이트 스펀지법

밤새(12~24) 발효시킨 스펀지를 이용하는 방법이다.

3 제빵공정

1) 제빵법 결정

빵의 제조량이나 가지고 있는 제조설비, 노동력, 판매형태, 소비자의 기호에 따라 가장 합리적인 제빵법을 결정한다.

2) 배합표 작성

배합표란 빵 만드는 데 필요한 양을 숫자로 표시한 것으로 레시피(recipe)라고도 한다. 제빵의 배합은 전체 재료를 100%로 보는 True%방법과 밀가루의 사용량을 100%로 표기하는 Baker's%가 있다. 대부분의 제빵에서는 Baker's%를 사용하며 실제 분량은 g을 사용한다.

※ 배합표의 계산법

B%로 표시한 배합률과 밀가루 사용량을 알면 나머지 재료의 무게를 구할 수 있다.

〈공식〉

① 각 재료의 무게(g) = 밀가루 무게(g) × 각 재료의 비율(%)

② 밀가루 무게(g) = 밀가루 비율(%) × 총반죽 무게(g)/총배합률(%)

③ 총반죽 무게(g) = 총배합률(%) × 밀가루 무게(g)/밀가루 비율(%)

3) 재료 계량

빵을 만들 때 사용하는 모든 재료는 저울을 사용하여 정확하게 계량하는 것이 재료 계량이다.

4) 원료의 전처리

원료의 전처리는 사용하고자 하는 재료를 사전에 준비하는 과정을 말하며 밀가루의 체질, 드라이 이스트의 예비 발효, 마른 과일의 수분 흡수 등이 전처리 과정이다.

(1) 가루재료

체친다. 가루상태의 재료 특히 밀가루를 체치는 이유는 다음과 같다.

① 가루 속의 이물질과 덩어리진 것을 거른다.

② 이스트가 호흡하는 데 필요한 공기를 넣어 발효가 잘 되도록 한다.

③ 2가지 이상의 가루를 골고루 섞는다.

(2) 이스트

밀가루에 잘게 부수어 넣고 혼합하여 사용하거나 물에 녹여 사용한다.

(3) 유지

서늘한 곳에 보관하여 사용한다.

(4) 우유

사용 전에 한번 가열 살균한 뒤 차게 해서 사용한다.

(5) 물

반죽온도에 맞게 물 온도를 조절한다.

5) 반죽

밀가루, 이스트, 소금 등등 그 밖의 재료에 물을 넣어 섞고 치대어 밀가루의 글루텐을 발전시키는 것이 반죽이다.

(1) 반죽의 목적

밀가루에 물을 충분히 흡수시켜 밀단백질을 결합시키고 원재료를 균일하게 분산 혼합시켜 효모를 발효시키고 활발하게 활동할 수 있게 한다. 반죽에 공기를 혼입하여 이스트 발효를 촉진시키고 반죽의 부피를 크게 한다. 이는 적당한 탄력성과 신장성을 가진 반죽을 만들어 빵의 내상을 좋게 하기 위해서이다.

(2) 반죽 형성의 원리

밀가루 단백질에 수분이 흡수되면 글루텐이 형성된다. 글루텐은 밀단백질 중에 글리테닌과 글리아딘이 서로 결합하여 생긴 단백질이다. 밀가루에 물을 넣고 반죽을 만들면 물에 녹지 않는 글리아딘과 글리테닌이 수화하여 글루텐을 형성하게 된다. 이때 글리아딘과 글리테닌은 그물망 모양의 조직을 형성하여 글루텐을 이루게 된다. 이 글루텐은 전분과 함께 빵의 골격을 이루고 가스를 보유하는 역할을 하여 빵의 모양을 형성하고 유지시킨다.

(3) 믹싱단계

반죽의 믹싱단계에는 6가지가 있으며 각 단계마다 반죽의 용도에 따라 알맞은 단계에 반죽을 마무리한다. 반죽의 발전단계를 살펴보면 다음과 같다.

1단계 : 혼합단계(PICK-UP STAGE)

밀가루와 그 밖의 가루재료가 물과 대충 섞이는 단계로 밀가루가 수분을 빨아들여 재료가 혼합, 수화되는 상태로 글루텐은 그다지 형성되어 있지 않다. 손으로 반죽을 들었을 때 반죽이 쉽게 들릴 정도로 뭉쳐지는 시점이다. 데니쉬 페이스트리 등과 같은 제품은 픽업단계의 반죽으로 만든다.

2단계 : 클린업단계(CLEAN-UP STAGE)

물기가 밀가루에 완전히 흡수되어 한 덩어리의 반죽이 만들어지는 단계로 반죽 표면에 부착되어 있는 미세한 물방울들이 반죽 내에 흡수되어 반죽 표면으로부터 없어지는 상태로 이로 이해 반죽 표면이 찐득거리지 않고 매끈해진다. 글루텐이 약간 형성돼 있지만 신장성이나 가소성은 그다지 없는 반죽을 만들 때 클린업단계까지만 믹싱한다.

3단계 : 발전단계(DEVELOPMENT STAGE)

글루텐의 결합이 급속히 진행되어 반죽의 탄력성이 최대가 되며, 반죽이 건조하고 매끈해진다. 작은 크기의 단과자빵 등을 만들 때 이 단계에서 조절한다.

4단계 : 최종단계(FINAL STAGE)

글루텐이 결합하는 마지막 시기, 탄력성과 신장성이 최대이다. 반죽이 부드럽고 윤이 나며 믹서 볼의 안벽을 치는 소리가 발전단계보다 부드럽게 난다. 반죽을 약간 떼어내 양손으로 서서히 잡아당겨 펴보면 손가락 지문이 살짝 보일 정도의 얇은 막이 형성되어 있다.

5단계 : 늘어지는 단계(LET DOWN STAGE)

글루텐이 결합함과 동시에 다른 한쪽에서 끊기는 단계이며 햄버거나 잉글리시 머핀 등의 제품에 적합한 반죽단계이다.

6단계 : 파괴단계(BREAK DOWN STAGE)

반죽이 지나쳐 탄력성, 신장성이 상실돼 축 처지며 반죽을 잡기도 힘든 상태가 된다.

(4) 빵 반죽의 특성

빵 반죽의 특성에는 물리적 특성과 화학적 특성이 있으며 물리적 특성에는 가소성, 탄성, 점성이 있고 화학적 특성에는 수소 결합과 S-S 결합이 있다.

가소성은 일정한 모양을 유지할 수 있는 고체의 성질을 말하며 탄성은 외부의 힘을 받아 변형된 물체가 그 힘이 없어졌을 때 원래대로 돌아가려는 성질을 말한다. 점성은 일정한 모양의 그릇에 넣어 그 모양으로 만들 수 있는 액체의 성질을 말한다.

(5) 반죽의 종류

반죽의 종류에는 최적반죽과 어린 반죽 그리고 과반죽이 있다. 최적반죽은 글루텐의 저항성과 신장성이 최대인 단계로서 이때 반죽을 늘려보면 반투명하고 균일한 막을 가지게 된다. 손에 달라붙지 않은 상태일 때가 작업성이 좋으며 제품의 오븐스프링도 좋다. 어린 반죽은 간단히 말해서 반죽이 덜 된 상태를 말한다. 작업성이 떨어지며 볼륨감이 적다. 껍질의 막도 두껍다. 마지막으로 과반죽은 반죽이 지나친 상태를 말한다. 반죽의 저항력이 떨어져서 끈적임이 생기고 작업성도 떨어지게 된다. 빵의 크기도 작으며 껍질의 막도 두꺼워진다.

(6) 반죽시간

반죽시간은 반죽 형성에 영향을 준다. 하지만 반죽시간은 어떠한 재료를 사용하는지 혹은 재료의 양에 따라 반죽시간이 늘어나거나 줄어든다. 먼저 반죽시간에 영향을 주는 요소에 대해 알아보자.

① 반죽시간에 영향을 미치는 요소
- 반죽기의 회전속도와 반죽량 : 회전속도가 빠르고 반죽량이 적으면 반죽시간이 짧다.
- 소금 : 글루텐 형성을 촉진하여 반죽의 탄력성을 키운다. 반죽시간이 길어진다. 또

한 처음에 넣으면 반죽시간이 길어지고, 2단계 이후 넣으면 짧아진다.

- 설탕 : 글루텐 결합을 방해하여 반죽의 신장성을 키운다. 설탕량이 많으면 반죽의 구조가 약해지므로 반죽시간이 늘어난다.
- 탈지분유 : 사용량이 많으면 단백질의 구조를 강하게 하여 반죽시간이 길어진다.
- 밀가루 : 단백질의 질이 좋고 양이 많으며 숙성이 잘 되어 있었을수록 반죽시간이 길어지고 반죽의 기계내성이 커진다.
- 반죽의 되기 : 사용물량이 많아 반죽이 질면 반죽시간이 길다.
- 스펀지양, 발효시간 : 스펀지의 배합비율이 높고 발효시간이 길수록 본반죽의 반죽시간이 짧아진다.
- 반죽온도 : 높을수록 반죽시간이 짧아지고 기계내성이 약해진다.
- pH : pH 5.0 정도에서 글루텐이 가장 질기고 반죽시간이 길어진다.
- 산화제, 환원제 : 산화제를 사용하면 반죽시간이 길어지고, 환원제를 사용하면 짧아진다.
- 유지 : 유지량이 많고 처음에 넣으면 반죽시간이 길어진다.

각종 재료를 물에 담가 일정시간 방치한 다음 재료의 질량증가를 그 재료의 중량 또는 질량과 비교하여 그 비율을 %로 나타낸 것을 그 재료의 흡수율이라고 한다.

따라서 재료의 종류나 재료의 상태 등에 따라 물의 첨가량이 증가하거나 감소할 수 있다. 이는 반죽의 상태에 영향을 주며, 반죽시간 또한 영향을 준다. 흡수율에 영향을 주는 요소는 다음과 같다.

② 흡수율에 영향을 미치는 요소
- 밀 단백질 : 질 좋고 양이 많을수록 흡수량이 커진다.
- 손상전분 : 자체 중량의 2배가량의 수분을 흡수한다. 보통 강력분이 4.5~8%의 손상전분을 갖고 있음
- 소금 넣는 시기 : 반죽 1단계에서는 흡수량이 적어지고, 반죽 2단계에서는 흡수량이 많아진다.

- 설탕 : 사용량을 5% 늘림에 따라 흡수량 1%씩 준다.
- 탈지분유 : 사용량을 1% 늘리면 흡수량이 0.75~1% 증가한다.
- 물의 종류 : 단물(연수)이면 흡수량이 적어 글루텐의 힘이 약하고 센물(경수)이면 흡수량이 많아 글루텐이 강하다. 빵반죽에 알맞은 물은 아경수이다.
- 제법 : 스펀지법이 스트레이트법보다 흡수율이 더 낮다.
- 반죽온도 : 낮을수록 흡수량이 증가된다. 온도가 ±5℃ 증감함에 따라 ±3% 증감한다.
- 유화제 : 유화제의 사용량이 많으면 물과 기름의 결합을 좋게 하여 흡수율이 증가된다.

반죽시간은 배합기의 속도에 영향을 준다. 배합기의 속도가 반죽과 제품에 미치는 영향을 살펴보면 다음과 같다.

③ 배합기의 속도가 반죽과 제품에 미치는 영향
- 흡수율 : 고속이 저속보다 높다.
- 반죽기간 : 고속으로 한 반죽이 발전기간이 짧다. 저속으로 반죽하면 각 재료가 잘 섞이기는 하지만, 글루텐이 발전되지 않는다.
- 발효시간 : 고속이 발효하는 시간이 짧다.
- 부피 : 고속이 부피가 크다.
- 껍질특성 : 저속으로 반죽한 제품은 껍질이 딱딱하고 질기다.

※ 고율배합과 저율배합

고율배합 제품은 부드러움이 지속되어 저장성이 좋은 특징이 있다.

다량의 유지와 많은 양의 설탕을 용해시킬 액체의 양을 필요로 하므로 분리를 줄일 수 있는 유화 쇼트닝이 적합하고, 수축의 원인을 줄이기 위하여 염소표백 밀가루를 사용하는 것이 좋다.

① 반죽상태의 비교

항목	고율배합	저율배합	특징
공기혼입량	많다.	적다.	믹싱 중 공기포집 정도
화학팽창제 사용량	감소	증가	공기혼입량이 증가할수록 팽창제 사용량 감소
반죽의 비중	낮다.	높다.	비중이 낮을수록 가볍다.
굽기 온도	저온	고온	수분함량이 많을수록 저온에서 오래 굽는다.

* 고율배합은 공기혼입량이 많아 팽창제 사용을 줄여야 과도한 팽창을 줄일 수 있다.
* 고율배합은 저온장시간 굽는 오버베이킹(over baking)을 한다.
* 저율배합은 고온단시간 굽는 언더베이킹(under baking)을 한다.

② 배합비율량에 따른 비교

고율배합	저율배합
총액체류 > 설탕	총액체류 = 설탕
총액체류 > 밀가루	총액체류 ≤ 밀가루
설탕 ≥ 밀가루	설탕 ≤ 밀가루
계란 ≥ 쇼트닝	계란 ≥ 쇼트닝

③ 반죽의 비중

– 같은 부피의 물무게에 대한 케이크반죽의 무게를 나타낸 수치이다.

– 수치가 작을수록 비중이 낮고, 수치가 높을수록 비중이 높은 것이다.

– 반죽형 케이크 적정비중 : 0.8±0.05

– 거품형 케이크 적정비중 : 0.5±0.05

비중이 낮을 때	비중공식	비중이 높을 때
부피가 크다.	비중 = $\dfrac{(\text{반죽+컵무게})-\text{컵무게}}{(\text{물+컵무게})-\text{컵무게}}$	부피가 작다.
기공이 열려 거칠고 큰 기포가 형성된다.		기공이 조밀하여 무거운 조직이 된다.

* 비중 측정 시 반죽무게와 물 무게는 같은 부피의 동일한 컵을 사용한다.
* 제품별 비중 순서: 파운드케이크(0.85) > 레이어케이크(0.75) > 스펀지케이크(0.5) > 엔젤푸드 케이크 (0.4)

④ 틀 부피 계산법

– 원형팬

• 팬의 용적(㎤) = 반지름 × 반지름 × 3.14 × 높이

– 옆면이 경사진 둥근 틀

• 팬의 용적(㎤) = 평균반지름 × 평균반지름 × 3.14 × 높이

   ※ (윗반지름 + 아래반지름) ÷ 2 = 평균반지름

– 옆면과 가운데 관이 경사진 원형팬(엔젤팬)

• 팬의 용적(㎤) = 바깥팬의 용적–안쪽팬의 용적

• 바깥평균 반지름 × 바깥평균 반지름 × 3.14 × 높이 = 바깥팬의 용적

• 안쪽평균 반지름 × 안쪽평균 반지름 × 3.14 × 높이 = 안쪽팬의 용적

– 옆면이 경사진 사각틀

• 팬의 용적(㎤) = 평균가로 × 평균세로 × 높이

• (아래가로+위가로) ÷ 2 = 평균가로

• (아래세로+위세로) ÷ 2 = 평균세로

흡수율, 각종 공정, 제품 품질에 미치는 반죽온도의 중요성 때문에 물 온도 조절이 필수적이다. 그래서 반죽온도를 맞추기 위해서 얼음의 사용, 냉각수 사용, 믹서 볼의 냉각장치 설치 등 여러 방법이 사용되고 있다.

〈스트레이트법〉

마찰계수 = (반죽결과온도 × 3) − (밀가루온도 + 실내온도 + 수돗물온도)

사용할 물 온도 = (희망반죽온도 × 3) − (밀가루온도 + 실내온도 + 마찰계수)

〈스펀지법〉

마찰계수 = (반죽결과온도 × 4) − (밀가루온도 + 실내온도 + 수돗물온도 + 스펀지온도)

사용할 물 온도 = (희망 반죽온도 × 4) − (밀가루온도 + 실내온도 + 마찰계수 + 스펀지온도)

※ 얼음 사용 시

얼음 사용량 = 물 사용량 × (수돗물온도 − 사용할 물 온도)/80 + 수돗물온도

(7) 반죽의 물리적 실험

밀가루의 흡수 및 발효 산화 특성을 기록할 수 있도록 고안된 기계를 사용하여 반죽의 물리적 성질을 측정할 수 있다.

- 아밀로 그래프 : 온도 변화에 따라 점도에 미치는 밀가루의 알파−아밀라아제의 효과를 측정. 밀가루의 호화 정도를 알 수 있다.
- 패리노 그래프 : 고속 믹서 내에서 일어나는 물리적 성질을 기록하여 밀가루의 흡수율, 반죽 내구성 및 시간 등을 측정한다.
- 레오 그래프 : 반죽이 기계적 발달을 할 때 일어나는 변화를 측정한다.
- 익스텐시 그래프 : 반죽의 신장성에 대한 저항을 측정. 패리노 그래프의 결과를 보완해 주는 것으로 밀가루 개량제의 효과를 측정한다.
- 믹소 그래프 : 혼합하는 동안 반죽의 형성 및 밀가루의 흡수율, 글루텐의 발달 정도를 측정. 글루텐양과 흡수율의 관계를 비롯, 반죽시간, 반죽의 내구성을 알 수 있다.
- 믹사트론 : 믹서 모터에 전력계를 연결하여 반죽의 상태를 전력으로 환산, 곡선으로 표시하는 장치. 새 밀가루의 정확한 반죽 조건을 신속하게 점검할 수 있으며 균일한 제품을 얻을 수 있다.

6) 발효(1차 발효)

정의 : 어떤 물질 속에서 효모, 박테리아, 곰팡이 같은 미생물이 당류를 분해하거나 산화환원시켜 알코올, 산, 케톤을 만드는 생화학적 변화이다. 이스트는 저분자의 당류를 먹고 사는 생물이기 때문에 고분자의 전분 또는 자당을 저분자로 분해하기 위해 탄수화물 분해효소를 이용하여 당류를 분해한다. 그 결과 알코올과 탄산가스가 생성되고, 이 탄산가스가 그물망 모양의 글루텐 막에 막히면서 반죽을 부풀게 하는 것이다.

발효의 종류에는 알코올 발효, 젖산 발효 그리고 아세트산 발효가 있으며 알코올 발효 화학식을 보면 $C_6H_{12}O_6 \rightarrow 2CO_2 + 2C_2H_5OH + 66cal$로 이루어져 있다.

(1) 목적

① 반죽의 팽창

발효 중 발효성 탄수화물이 이스트에 의해 탄산가스와 알코올로 전환되며 가스 유지력이 좋아진다. 잘 발효시킨 반죽은 불완전한 발효에 비하여 더 부드러운 제품을 만들고 노화현상을 지연시킨다. 대략 스펀지는 4~5배, 스트레이트법의 도우는 3배까지 증가한다.

② 빵 특유의 풍미 생성

발효에 의해 생성된 아미노산, 유기산, 에스테르, 알데히드처럼 방향성 물질이 생성되어 빵의 특유한 향을 가진다. (향의 원천은 발효 산물)

- 반죽을 숙성 : 즉 죽의 신장성(유연하게 잘 늘어나는 성질)을 키우고 반죽의 산화를 촉진하여 반죽을 최적의 숙성상태로 만들면 가스보유력이 커진다. 즉 발효과정 중에 생기는 산은 전체 반죽의 산도를 높여서 글루텐을 강하게 만들거나 생화학적으로 반죽을 발전시켜서 가스의 포집과 보유를 향상시킨다.

(2) 과정

발효하는 동안에 이스트의 가스발생력과 반죽의 가스보유력이 평형을 이루어야 발효가 잘되었다고 할 수 있다.

 - **가스빼기(펀치)** : 발효하기 시작하여 반죽의 부피가 2.5~3.5배 (전체 발효시간의 2/3, 60%가 지난 때) 되었을 때 반죽에 압력을 주어 가스를 빼낸다. 가스빼기를 하는 이유는 반죽의 온도를 전체적으로 고르게 맞춰 발효 속도를 균일하게 하고, 탄산가스를 빼내어 과다한 축적에 따른 나쁜 영향력을 줄이며, 신선한 공기를 불어넣어 이스트의 활성에 자극을 주어 반죽의 산화, 숙성의 정도를 키우기 위함이다. 또한 글루텐을 발전시키고 발효를 촉진시킨다.

(3) 발효에 영향을 미치는 인자

① 소금

1% 이상은 이스트의 발효를 지연시키며 이보다 양이 증가할 때 발효는 더욱 지연된다. 식빵에 보통 1.75~2.25%의 소금을 사용한다.

② 설탕

농도가 5% 이상이면 이스트의 활성이 저해되기 시작하고 당이 3% 증가할 때마다 이스트를 1% 증가시킨다.

③ 분유

유단백질은 완충작용을 하여 pH가 저하되는 것을 방해해서 이스트 발효를 지연시킨다.

④ 밀가루 강도

단백질 함량이 높은 밀가루는 발효시간이 길어진다. 분유와 같이 완충작용의 효과가 있으며 발효를 촉진하기 위하여 산을 첨가한다.

⑤ 이스트푸드

이스트푸드를 사용하면 발효가 촉진된다.

발효 시에 효소와 탄수화물 관계에서 다음과 같은 효소와 탄수화물 반응이 일어난다.
 ① 탄수화물(당)은 이스트 발효를 촉진한다.

② 아밀라(아)제는 손상전분을 분해하여 호정(덱스트린)과 말토오스를 생성한다.

③ 말타아제 : 말토오스를 포도당 두 분자로 분해

④ 슈크라제 : 설탕을 포도당과 과당으로 분해

⑤ 치마아제 : 포도당을 알코올과 탄산가스로 분해

⑥ 굽기 과정 중 이스트는 사멸하여도 효소는 불활성화되지 않고 한동안 작용한다.

발효 시 발효에 따른 발효 손실이 발생한다. 발효 손실은 수분증발과 탄수화물의 분해로 CO_2가스가 발생하면서 반죽에서 빠져나가 결과적으로 무게가 줄어 손실이 일어나는 것을 말한다. 발효 손실에 관계되는 요소를 살펴보면 다음과 같다.

① 반죽온도 : 높으면 많고 낮으면 적다.

② 발효시간 : 길면 많고 짧으면 적다.

7) 분할

(1) 정의

1차 발효시킨 반죽을 미리 정한 무게 만큼씩 나누는 것을 말하며 분할하는 과정에도 반죽의 발효가 진행되므로 최대한 빠른 시간에 분할해야 한다.

(2) 방법

① 수동 분할법 : 손으로 반죽을 떼어내는 방법이다.

② 기계 분할법 : 반죽을 기계에 넣고 기계가 일정한 양의 반죽을 분할하는 방법이다.

(3) 분할할 때 주의할 점

① 반죽의 무게를 정확히 달아 분할한다.

② 손으로 분할할 때 분할시간을 잘 맞추고, 반죽온도가 낮아지거나 반죽거죽이 마르지 않도록 신경을 쓴다.

③ 기계로 분할하면 분할기의 구조에 따라 제품이 크게 달라지므로 유의한다.

8) 둥글리기

(1) 정의

분할한 반죽을 손 또는 전용기계로 동글동글하게 뭉쳐 둥글리는 것으로 반죽의 잘린 단면을 매끄럽게 마무리한다.

(2) 목적

① 분할하는 동안 흐트러진 글루텐의 구조와 방향을 정돈한다.
② 가스를 반죽 전체에 퍼뜨려 반죽의 기공을 고르게 조절한다.
③ 반죽의 잘린 면은 점착성이 있으므로 동글동글 뭉치면서 단면에 다른 반죽 막을 씌워 점성을 줄인다.
④ 중간발효 중 발생하는 가스를 보유할 수 있는 반죽 구조를 만든다.

9) 중간발효

(1) 정의

둥글리기가 끝난 반죽을 정형하기 전에 짧은 시간 동안 발효시키는 것을 말한다.

(2) 목적

글루텐의 배열을 제대로 조절하고 가스를 발생시켜 정형하기 쉽게 하기 위해서이고 분할 둥글리기 공정에서 굳은 반죽을 완화시켜 탄력성과 신장성을 회복시킨다. 그리고 반죽 표면에 얇은 막을 만들어 성형할 때 끈적거리지 않게 하기 위해서이다.

10) 정형

정형 또는 성형이라고 말하며 중간발효를 끝낸 반죽을 틀에 넣기 전에 일정한 모양으로 만드는 것을 말하며 손성형과 기계성형이 있다.

11) 팬닝

정형이 다 된 반죽을 틀에 채우거나 철판에 나열하는 것을 말한다.

※ 올바른 팬닝 요령

반죽의 이음매가 밑으로 가게 하여 틀에 넣고 팬의 온도는 32℃가 적당하다. 팬의 온도가 너무 차가우면 2차 발효시간이 길어진다.

※ 팬기름의 사용

면실유, 대두유, 땅콩기름 등 식물성 기름을 섞은 혼합물을 사용한다.
발연점이 높은 기름을 사용한다. 약 210℃ 이상 되는 기름이 적당하다.
산패에 강하고 악취가 없어야 한다.
보통 반죽 무게의 0.1~0.2%를 사용한다. 과다 사용 시 밑껍질이 두껍고 옆면이 약해 제품을 자를 때 제품이 찌그러진다.

12) 2차 발효

(1) 정의

성형한 반죽을 40℃ 전후의 고온다습한 발효실에 넣고 한 번 더 가스를 포함시키고 반죽의 신장성을 높여 제품 부피의 70~80%까지 부풀리는 것을 말한다.

(2) 목적

① 성형 공정을 거치면서 가스가 빠진 반죽을 다시 부풀리기 위해서이다.
② 빵의 향에 관계하는 발효산물인 알코올, 유기산, 그 밖의 방향성 물질을 얻는다.
③ 발효산물 중 유기산과 알코올이 글루텐의 신장성과 탄력성을 높여 오븐 팽창이 잘 일어나도록 한다.
④ 바람직한 외형과 식감을 얻는다.
⑤ 온도와 습도를 조절하여 이스트의 활성을 촉진시킨다.

(3) 제품에 따른 발효조건

① 식빵류, 과자빵류 : 온도 38~40℃, 상대습도 85%에서 발효시킨다.

② 데니쉬 페이스트리류 : 약 30~35℃에서 발효시킨다.

③ 크라상, 브리오슈류 : 온도 27℃, 상대습도 70~75%에서 발효시킨다.

④ 프랑스빵, 독일빵류 : 온도 82℃, 상대습도 75%에서 발효시킨다.

⑤ 도넛류 : 온도 32℃, 상대습도 65~70%에서 발효시킨다.

(4) 2차 발효의 완료점 판단기준

완제품 70~80% 정도의 부피로 부풀었거나 틀용적에 대한 부피 증가로 판단한다.

13) 굽기

(1) 정의

2차 발효과정인 생화학적 반응이 굽기 후반부터 멈추고 전분과 단백질은 열변성하여 구조력을 형성시키는 과정을 말한다. 즉 반죽에 뜨거운 열을 주어 가볍고 소화하기 쉬우며 향이 있는 제품으로 바꾸어주는 과정을 말한다.

(2) 목적

① 발효산물인 탄산가스를 열 팽창시켜 빵의 모양을 갖춘다.

② 전분을 호화시켜 소화하기 쉬운 제품으로 만든다.

③ 껍질에 색을 들이고 향을 낸다.

(3) 굽기관리

굽기 온도와 굽기 시간을 조절해 주어야 한다.

제품을 오븐에 넣고 열이 고르게 분포하도록 하며 적당한 습도를 유지시키고 윗불과 아랫불의 세기가 균형을 이루도록 한다. 될 수 있는 한 오븐의 열이 손실되지 않도록 하여 제품에 영향을 주지 않도록 한다.

(4) 굽기단계

굽기단계는 크게 3단계로 아래와 같이 나눌 수 있다.

① 1단계 : 부피가 급격히 커지는 단계

② 2단계 : 표피에 색이 나는 단계. 수분의 증발과 함께 캐러멜화와 같은 갈변반응이
일어난다.

③ 3단계 : 중심부까지 열이 전달되어 내용물이 완전히 익고 안정되는 단계

(5) 굽기반응

굽기반응에는 물리적 반응과 화학적 반응이 있다.

① 물리적 반응

가. 2차 발효실에서 나와 뜨거운 오븐에 들어간 반죽은 표면에 얇은 수분막이 형성된다.

나. 반죽 속의 수분에 녹아 있던 가스가 증발된다.

다. 반죽 속에 포함된 알코올 같은 휘발성 물질이 증발하고 가스가 열팽창하며 수분
이 날아간다.

② 화학적 반응

가. 반죽온도가 60℃로 오르기까지 효소의 작용이 활발해지고 휘발성 물질이 증가한
다. 글루텐을 프로테아제가 연화시키고, 전분을 아밀라아제가 분해하여 반죽 전
체가 부드러워진다. 그래서 결국 반죽의 팽창이 수월해진다.

나. 반죽온도가 60℃에 가까워지면 이스트가 죽기 시작한다. 그와 함께 전분이 호화
하기 시작한다.

다. 글루텐은 74℃부터 굳기 시작하여 빵이 다 구워질 때까지 천천히 계속된다. 전분
은 호화하면서 글루텐과 결합하고 있던 수분까지 끌어간다.

라. 표피부분이 160℃를 넘어서면 당과 아미노산이 메일라드 반응을 일으켜 멜라노
이드를 만든다. 그리고 당의 캐러멜화 반응이 일어나고 전분이 덱스트린으로 분
해된다.

※ 굽기반응의 주된 변화

① 오븐 팽창 즉 oven spring이라고 불리며 반죽의 온도가 49℃에 달하면 반죽이 짧은 시간 동안 급격히 부풀어 처음 크기의 30% 정도 부피가 더 팽창한다. 대개 반죽을 오븐에 넣고 5~8분 정도 지나면 발생한다. 그리고 반죽의 내부 온도가 60℃에 이르기 전까지 반죽의 이스트가 활동하여 반죽 속에서 가스를 생성하는 단계가 있는데 이를 오븐 라이즈(oven rise)라고 한다. 이때 반죽의 온도가 조금씩 오르고 반죽의 부피도 조금씩 커진다.

② 전분 호화는 반죽온도 54℃부터 밀가루 전분의 호화가 시작된다. 전분 입자는 40℃에서 팽윤하기 시작하고 50~65℃에서 유동성이 크게 떨어지며 70℃전후에서 반죽 속의 유리수와 단백질과 결합하고 있는 물을 흡수하여 호화를 완성한다.

③ 글루텐의 응고가 이루어진다. 반죽온도가 75℃ 이상이면 단백질이 열변성을 일으켜 골격을 만든다.

④ 효소 활성이 이루어진다. 아밀라아제가 전분을 분해하여 반죽 전체를 부드럽게 하고 반죽의 팽창이 수월해진다.

⑤ 향의 발달

가. 향은 빵의 껍질 부분에서 발달하여 빵의 내부로 분산되어 흡수로 보유된다.

나. 향의 원천 : 재료, 이스트와 박테리아 발효산물, 기계적 생물학적 변화, 열 반응 산물 등이다.

다. 향에 관여하는 물질

- 휘발성 알코올 : 에틸알코올, 아밀알코올, 이소아밀알코올, 이소부탄올, 디-아밀알코올

- 유기산 : 초산, 젖산, 카프릭산, 이소카프릭산, 팔미탁산, 프로퍼온산, 뷰티릭산, 이소뷰티락산

- 에스터 : 에틸아세테이트, 에틸 락테이트, 에틸 설시네이트, 에틸 프루베이트

- 알데히드 : 아세트알데히드, 후루랄, 프로피오알데히드

- 케톤 : 아세톤, 메틸-N-부틸, 에틸N-부틸,아세톤, 말톨 등

⑥ 갈색반응

갈색반응에는 캐러멜 반응과 메일라드 반응이 있다.

가. 캐러멜 반응 : 무색, 감미의 당이 열(150℃)에 의하여 향이 깃든 옅은 노란색으로부터 진한 갈색으로 변한다.

나. 메일라드 반응 : 환원당인 아미노산, 펩타이드, 단백질 등의 자유 아미노그룹과 상호작용에 의해 일어난다.

(6) 굽기 손실

굽기 손실은 반죽 상태에서 빵의 상태로 구워지는 동안 무게가 줄어드는 현상을 말한다. 주요 원인은 발효산물 중 휘발성 물질의 휘발에 의한 수분 증발이다. 이에 영향을 미치는 요인으로는 굽는 온도, 굽는 시간, 제품의 크기 등이 있다.

(7) 굽기의 실패와 원인

원인	결과
너무 높은 오븐온도	부피가 작고 껍질색이 짙다. 굽기 손실이 작다. 옆면이 약하고 눅눅한 식감이 된다.
너무 낮은 오븐온도	빵의 부피가 크고 기공이 거칠다. 굽기 손실 비율이 크다. 껍질이 두껍고 색이 옅다. 광택이 없고 풍미가 떨어진다.
과량의 증기	오븐 팽창은 좋아서 빵의 크기가 크다. 껍질이 질기고 수포가 생긴다. 껍질이 두껍다.
부족한 증기	껍질이 균열되기 쉽다. 구운 색이 옅고 광택 없는 빵이 된다. 빵이 찌그러지기 쉽다.
팬의 간격이 가까울 때	열 흡수량이 적어진다. 부피가 클수록 간격은 넓힌다.
윗불과 아랫불의 부조화	껍질은 잘 구워지고 아래와 옆면은 덜 구워진다. 빵을 자를 때 찌그러진다.

14) 냉각

냉각이란 갓 구워낸 빵을 식혀 제품의 온도를 상온으로 떨어뜨려서 최소한의 제품손실을 나타내면서 제품을 자를 때 도움을 얻기 위한 것이다. 너무 뜨거운 제품을 자르면 속질은 자르는 힘에 의해 찢어지거나 덩어리지게 되며, 너무 오래 냉각시킨 제품일 경우 부스러져서 제품의 손실이 많아진다. 일반적으로 식빵제품을 냉각시키기 위해서는 실온에서 45~70분 정도가 소요되는데 이때 2~3%의 수분이 손실된다. 가장 좋은 제품을 자르는 내부 온도는 32~43℃로 알려져 있다.

15) 슬라이스

실온으로 식힌 빵을 일정한 두께로 자른 것이다.

16) 포장

(1) 정의

어떤 제품의 유통과정에서 그 제품의 가치와 상태를 보호하기 위해 그에 알맞은 재료용기에 담는 것을 말한다.

(2) 목적

① 수분이 증발하지 않기 위해
② 빵이 미생물에 오염되지 않도록 하기 위해
③ 빵의 노화를 늦추기 위해
④ 상품으로서의 가치를 높이기 위해

(3) 포장재료가 갖추어야 할 조건

① 방수성이 있고 통기성이 없을 것
② 상품의 가치를 높일 수 있을 것
③ 단가가 낮을 것
④ 제품이 파손되지 않도록 막을 수 있는 것
⑤ 위생적인 것

(4) 제품의 변질

제품의 변질에는 크게 두 가지를 들 수 있으며, 하나는 초기에 변질의 기준이 되었던 수분의 증발과 곰팡이에 의한 껍질의 변화를 든다. 그러나 근래에 들어 변질은 복잡한 여러 현상들에 기인하며, 최종적인 변질의 기준은 소비자가 판단하게 된다. 이러한 복잡한 현상은 껍질의 변화, 속질의 변화, 감각적인 변화(향의 감소) 세 가지로 요약할 수 수 있다. 최근에는 전분의 아밀로오스와 아밀로펙틴에 대한 연구가 활발히 진행되고 있다. 즉 50℃에서 가열시키면 아밀로펙틴은 짧지만 다시 아밀로오스 연결로 돌아갈 수 있다. 따라서 전분의 재결정화(starch retrogradation)되는 변화가 빵제품의 노화라고 말하고 있다. 노화로 인해 나타나는 성질에는 껍질이 질겨지는 상태, 속질이 단단해지는 상태, 향의 손실, 속질의 색 변질, 그리고 수용성 전분의 감소 등이 있다. 노화를 늦추는 방법으로는 저장온도를 −18℃ 이하로, 또는 21~35℃로 유지하고 모노−디−글리세리드 계통의 유화제를 사용하는 것이다. 질 좋은 재료를 사용하고 제조공정을 정확히 지키며 반죽에 알파−아밀라아제를 첨가하거나, 물의 사용량을 높여 반죽 중의 수분함량을 높인다. 방습 포장재료로 포장하고 당류를 첨가하는 방법도 노화를 줄이는 한 방법이다.

II
─── 제과 이론 ───

1 과자와 과자 반죽의 분류

빵은 서양인의 주식인 데 반해 과자는 기호식품으로 맛을 즐기는 것이다. 빵과 과자를 구분하는 기준은 다음과 같다.

① 이스트의 사용 여부

② 설탕 배합량의 많고 적음

③ 밀가루의 종류

④ 반죽상태

2 과자의 분류

1) 팽창방법에 따른 분류

(1) 화학적 방법

베이킹파우더와 같은 화학품을 팽창제로 이용하여 부풀린 과자이다. 레이어 케이크, 케이크 도넛, 비스킷, 반죽형 쿠키 등이 있다.

※ 화학팽창제의 종류 : 베이킹파우더, 중조, 암모니아 등

가스 발생과정 : $2NaHCO_3 \rightarrow CO_2 \uparrow + H_2O + Na_2CO_3$

발효과정 : $C_6H_{12}O_6 \rightarrow CO_2 + C_2H_5OH$

(2) 물리적 방법

거품을 이용하여 부풀린 과자이며 스펀지 케이크, 에인젤 푸드 케이크, 시폰 케이크, 거품형 반죽 쿠키 등이 있다.

(3) 유지에 의한 팽창

밀가루 반죽에 유지를 집어넣거나 잘게 잘라 뭉쳐서 굽는 동안 유지층이 들떠 부풀도록 한 과자를 말하며 퍼프 페이스트리 등이 있다.

(4) 무팽창

수증기압의 영향을 받아 조금 팽창시킨 과자로 아메리칸 파이 등이 있다.

2) 수분함량에 따른 분류

① 생과자 : 수분함량이 30% 이상인 과자
② 건과자 : 수분함량이 5% 이하인 과자

3) 가공형태에 따른 분류

(1) 케이크류

① 양과자류: 반죽형, 거품형, 시폰형의 서구식 과자
② 생과자류: 수분함량이 높은 과자(30%), 화과자류
③ 페이스트리류: 퍼프 페이스트리, 파이류

(2) 데코레이션 케이크

스펀지 케이크 위에 다양한 모양을 장식한 제품

(3) 공예과자

먹을 수는 없지만 과자를 이용해서 예술적 기술을 나타낸 제품

(4) 초콜릿 과자

초콜릿을 이용해서 여러 가지 모양을 만든 제품

4) 익히는 방법에 따른 분류

① 구움과자
② 튀김과자
③ 찜과자
④ 냉과

5) 지역적 특성에 따른 분류

① 한과
② 양과
③ 중화과자
④ 화과자

3 과자 반죽의 분류

1) 반죽형 반죽

(1) 크림법

레이어 케이크, 파운드 케이크(일부), 과일 케이크, 컵케이크 등에 사용되면 유지와 설탕을 섞어 크림상태로 만든 뒤 만드는 제법이다. 장점은 부피가 큰 케이크를 만들기에 적당하다는 것이다.

① 방법

가. 유지와 설탕을 섞어 크림상태로 만든다.

나. 계란을 2~3회 나누어 넣고 크림상태로 만든다. (계란은 서서히 첨가해야 분리되는 것을 막을 수 있음)

다. 밀가루 등의 가루재료와 물을 넣고 가볍게 혼합한다.

(2) 블렌딩법

제품의 조직을 부드럽게 하려고 할 때 알맞은 방법으로 밀가루 입자가 미처 물에 닿기 전에 유지와 결합하여 글루텐이 만들어지지 않아 부드럽다. 장점은 제품의 조직을 부드럽게 하고자 할 때 알맞다는 것이다.

① 방법

가. 밀가루와 유지를 섞어 밀가루가 유지에 싸이도록 한다.

나. 가루재료(설탕, 탈지분유, 소금 등)와 일부 액체재료를 넣고 믹싱한다.

다. 나머지 액체재료를 넣고 고루 섞는다.

(3) 1단계법

모든 재료를 한꺼번에 넣고 믹싱하는 방법으로 믹서의 성능이 좋거나 화학팽창제를 사용하는 제품에 적당하다. 장점은 모든 재료를 한꺼번에 넣고 반죽하므로 노동력과 제조 시간이 짧아진다는 것이다.

(4) 시럽법

물 반죽법이라고 불리며 장점은 설탕을 물에 녹여 쓰므로 당분이 반죽 전체에 고루 퍼지고 그 결과 껍질색이 곱게 든다는 것이다. 반죽에 설탕 입자가 남아 있지 않아 반죽 도중 스크래핑할 필요가 없다. 고운 속결의 제품 생산, 계량의 정확성과 운반의 편리성으로 대량생산 현장에서 많이 사용한다.

① 방법

가. 설탕에 물(설탕량의 1/2)을 넣고 설탕을 녹인다.

나. 남은 물을 마저 넣는다.

다. 가루재료를 넣고 섞어준다.

라. 계란을 넣어 반죽을 마무리한다.

2) 거품형 반죽

계란의 기포성(계란 단백질의 신장성)과 응고성(계란 단백질의 변성)을 이용하여 부풀린 반죽이다. 계란의 흰자만을 쓴 머랭 반죽, 다른 기본반죽에 흰자와 노른자를 섞어 넣은 스펀지 반죽이 있다.

(1) 머랭 반죽

- 흰자에 설탕을 넣고 거품을 낸 반죽이다.
- 제법에 관계없이 설탕과 흰자의 비율은 2 : 1이다.
- 냉제 머랭, 온제 머랭, 이탈리안 머랭, 스위스 머랭 등이 있다.

(2) 스펀지 반죽

계란에 설탕을 넣고 거품을 낸 후 다른 재료와 섞는 반죽으로 공립법, 별립법, 단단 계법이 있다.

① **공립법** : 흰자와 노른자를 섞어 함께 거품내는 방법이며 여기에 다시 더운 방법과 찬 방법이 있다. 더운 방법은 계란과 설탕을 넣고 중탕하여 37~43℃까지 데운 뒤 거품내는 방법이며 찬 방법은 중탕하지 않고 계란과 설탕을 거품내는 방법이다.

② **별립법** : 흰자와 노른자를 나눠 그 각각에 설탕을 넣고 따로따로 거품을 낸 다음 그 밖의 재료와 함께 섞는 방법으로 기포가 단단해서 짤주머니로 짜서 굽는 제품에 적당하다.

③ **단단계법** : 모든 재료를 동시에 넣고 거품을 내는 방법으로 기계 성능이 좋아야 하며, 반드시 기포제 또는 기포 유화제를 사용해야 좋은 품질의 제품을 생산할 수 있다.

(3) 거품형 반죽제품의 종류

거품형 반죽제품의 종류는 크게 밀가루에 계란 전부를 섞은 반죽 과자(케이크)와 케이크 밀가루에 계란 흰자만을 넣어 만든 과자(엔젤 푸드 케이크)로 나눌 수 있다.

① 시폰형 반죽

별립법처럼 흰자와 노른자를 나누어 쓰되 노른자는 거품내지 않고 흰자(머랭)와 화학 팽창제로 부풀린 반죽이며 다음과 같은 방법으로 만든다.

가. 밀가루, 설탕, 소금, 베이킹파우더를 체친다.

나. 식용유와 노른자를 섞어 ①에 넣고 혼합한다.

다. 물을 조금씩 넣으면서 덩어리지지 않는 매끄러운 상태로 만든다.

따로 흰자에 설탕(일부)을 넣고 거품내어 머랭을 만든 뒤, 반죽에 2~3회 나누어 섞는다.

III
제과 순서

1 반죽법 결정하기

제품의 종류에 따라 반죽방법을 결정한다.

2 배합표 만들기

배합표는 제과를 만드는 데 필요한 재료의 구성과 그에 따른 재료의 비율이나 무게를 숫자로 표시하여 사용한다. 배합률의 조절 공식에 따라 사용량을 결정한다.

1) 옐로 레이어 케이크

(1) 재료의 사용범위(%)

- 밀가루 : 100, 설탕 : 110~140
- 쇼트닝 : 30~70, 계란 : 쇼트닝 × 1.1
- 우유 : 변화, 베이킹파우더 : 2~6
- 소금 : 1~3, 향료 : 0.5~1.0
- 탈지분유 : 변화, 물 : 변화

(2) 배합률 조합공식

① 설탕, 쇼트닝의 사용량을 먼저 결정한다.

② 계란 = 쇼트닝 × 1.1

③ 우유 = 설탕 + 25 − 계란

= 탈지분유 + 물(탈지분유 = 우유의 10%, 물 = 우유의 90%)

2) 화이트 레이어 케이크

(1) 재료의 사용범위(%)

- 밀가루 100, 설탕 110~160
- 쇼트닝 30~70, 흰자 계란×1.3
- 탈지분유 변화, 물 변화
- 베이킹파우더 2~6, 소금 1~3
- 주석산 크림 0.5, 향료 0.5~1.0

(2) 배합률 조절공식

① 설탕, 쇼트닝의 사용량을 결정한다.

② 계란 = 쇼트닝 × 1.1

③ 흰자 = 계란 × 1.3

④ 우유 = 설탕 + 30 − 흰자

= 탈지분유 + 물(탈지분유 = 우유의 10%, 물 = 우유의 90%)

⑤ 주석산 크림 = 0.5%

⑥ 베이킹파우더 = 일반 레이어 케이크보다 10% 증가

3) 데블스 푸드 케이크

(1) 재료의 사용범위(%)

- 밀가루(박력분) 100, 설탕 110~180
- 쇼트닝 30~70, 계란 쇼트닝 × 1.1
- 탈지분유 변화, 물 변화
- 코코아 15~30, 소금 1~3
- 중조(탄산수소나트륨) 코코아의 종류에 따라 선택적 사용
- 베이킹파우더 2~6, 유화제 2~5
- 향 0.5~1

(2) 배합률 조정공식

① 설탕, 쇼트닝, 코코아의 사용량을 결정한다.
② 계란 = 쇼트닝 × 1.1
③ 우유 = 설탕 + 30 + (코코아 × 1.5) − 계란
④ 탄산수소나트륨(중조) = 천연 코코아 × 7%

　단, 더치 코코아 사용 시 중조는 사용하지 않는다. 베이킹파우더만 쓴다.

　※ 베이킹파우더 = 원래 사용하던 양 − (중조 × 3)

4) 초콜릿 케이크

(1) 재료의 사용범위

- 밀가루 100, 설탕 110~180
- 쇼트닝 30~70, 계란 쇼트닝 × 1.1
- 탈지분유 변화, 물 변화
- 초콜릿 24~50, 베이킹파우더 2~6
- 소금 2~3, 향료 0.5~1

(2) 배합률 조절공식

① 설탕, 쇼트닝, 초콜릿의 사용량을 결정한다.

② 계란 = 쇼트닝 × 1.1

③ 우유 = 설탕 + 30 + (코코아 × 1.5) − 계란

④ 베이킹파우더 = 초콜릿 속의 코코아가 더치이면 원래 사용하던 만큼,

천연이면 중조 사용량의 3배만큼 줄인다.

⑤ 중조 = 초콜릿 속의 코코아가 천연이면 7%, 더치이면 사용 안 함

⑥ 쇼트닝 = 초콜릿 속의 유지(카카오 버터)의 1/2만큼 줄인다.

3 재료 계량

미리 준비하여 작성한 배합표대로 재료의 무게를 정확히 계량한다.

4 과자 반죽 만들기

반죽의 온도를 일정하게 맞춰 제품의 특성을 살려 반죽을 만들 수 있다.

1) 반죽온도 조절

반죽온도는 반죽물의 온도를 조정하여 맞출 수 있다.

〈공식〉

① 사용할 물의 온도 = 희망 반죽온도 × 6 − (실내온도 + 밀가루온도 + 설탕온도 + 쇼트닝온도 + 계란온도 + 마찰계수)

② 마찰계수 = 결과 반죽온도 × 6 − (실내온도 + 밀가루온도 + 설탕온도 + 쇼트닝온도 + 계란온도 + 수돗물온도)

③ 얼음 사용량 = 물 사용량 × (수돗물온도 − 사용할 물 온도)/80 + 수돗물온도

2) 반죽온도에 따른 반죽 제품의 변화

(1) 반죽의 비중

① 반죽온도가 낮으면 비중이 높다.

② 반죽온도가 높으면 지방이 너무 녹아들어 반죽이 공기를 포함하기 어렵다.

※ 베이킹파우더가 높은 온도에서 반응하여 가스 발생 반죽 밖으로 빠진다.

※ 반죽온도가 낮으면 지방의 일부가 굳어 반죽이 공기를 포함하기 어렵다. 이러한 반죽은 오래 구워야 속까지 익기 때문에 껍질은 두꺼워지고 캐러멜화가 일어나 향기가 짙다. 반죽온도가 높으면 반대 현상이 일어난다.

(2) 반죽의 산도

반죽의 산도에 따른 반죽제품의 변화와는 관계가 없다.

(3) 제품의 부피

① 반죽온도가 낮으면 제품의 기공이 크고 탄산가스 손실이 없다.

② 반죽온도가 높으면 제품의 기공이 작고 탄산가스 손실이 크다.

(4) 제품의 겉모양

① 반죽온도가 낮으면 제품의 모양이 좋다.

② 반죽온도가 높으면 제품의 모양이 나쁘다.

(5) 껍질의 성질

① 반죽온도가 낮으면 껍질이 두껍다.

② 반죽온도가 높으면 얇다.

(6) 기공의 크기

① 반죽온도가 낮으면 기공이 크다.
② 반죽온도가 높으면 기공이 조밀하고 부피가 작다.

(7) 속 색깔

① 반죽온도가 낮으면 색이 어둡다.
② 반죽온도가 높으면 색이 밝다.

(8) 냄새

① 반죽온도가 낮으면 냄새가 강하다.
② 반죽온도가 높으면 냄새가 옅다.

(9) 맛

맛과 반죽제품과는 관계가 없다.

(10) 제품의 조직

① 반죽온도가 낮으면 부서지기 쉽다.
② 반죽온도가 높으면 부드럽다.

3) 반죽의 산도 조절

(1) 과자와 산도의 관계

① 산성에 가까우면

가. 기공이 너무 곱다.
나. 껍질색이 여리다.
다. 옅은 향과 톡 쏘는 신맛이 난다.

라. 제품의 부피가 작다.

② 알칼리성에 가까우면

가. 기공이 거칠다.

나. 껍질색과 속색이 어둡다.

다. 강한 향과 소다 맛이 난다.

③ 유지 섞인 유상액은 대개 산성에서 안정

pH 5.2~5.8에서 유지와 물이 분리되지 않고, pH 6.7~8.3에서 파괴되기 시작한다. 쇼트닝 대신 버터를 사용하면 pH 4.8에서 가장 안전한 모습을 보인다.

과일 케이크는 산성에서 과일이 반죽 전체에 고르게 퍼진다. 참고로 제과 재료와 제품의 산도는 〈표 2〉와 같다.

표 2 **제과 재료와 제품의 산도**

제과 재료와 제품	pH	제과 재료와 제품	pH
사과	3.4	옐로 레이어 케이크	7.2~7.6
사과주스	3.3.	초콜릿 케이크	7.8~8.8
라임주스	2.3~2.4	쿠키	6.5~8.0
복숭아	3.5~4.0	크래커	6.8~8.5
오렌지 주스	3.4~4.0	파운드 케이크	6.6~7.1
파인애플	3.2~4.0	화이트 레이어 케이크	7.2~7.8
당밀	5.0~5.5	초콜릿(더치 코코아)	6.8~7.8
맥아시럽	4.7~5.0	밀가루(제과용)	4.9~5.8
자당	6.5~7.0	밀가루(쿠키, 파이용)	4.9~5.8
전화당 시럽	2.5~4.5	베이킹소다(중조)	8.4~8.8
포도당	4.8~6.0	베이킹파우더	6.5~7.5
노른자	6.3~6.7	식초	2.4~3.4
전란	6.4~8.2	우유(분유)	6.5~6.8
흰자(신선한 것)	9.0	이스트	5.0~6.0

흰자(변질된 것)	5.5	젤라틴	4.0~4.2
과일 케이크	4.4~5.0	초콜릿(천연코코아)	5.3~6.0
데블스 푸드 케이크	8.5~9.2	체리	3.2~4.0
스펀지 케이크	7.3~7.6	치즈	4.0~4.5

(2) 산도 조절

① 배합재료를 사용하는 방법

가. 산성 : 박력분, 과일, 주스 등

나. 알칼리성 : 계란 등

다. 중성 : 베이킹파우더 등

② 첨가제를 사용하는 방법

주석산 크림, 주석산, 사과산, 구연산 등을 사용하여 산도를 낮게 만든다. 그리고 중조는 산도 높일 때 사용한다.

4) 비중

부피가 같은 물의 무게에 대한 반죽의 무게를 숫자로 나타낸 값을 말하며 그 값이 작을수록 비중이 낮음을 의미한다. 비중이 낮으면 반죽에 공기가 많이 포함되어 있음을 의미한다.

(1) 비중이 제품에 미치는 영향

비중은 제품의 부피, 기공과 조직에 영향을 준다. 비중이 높으면 부피가 작고, 기공이 조밀하고 조직이 묵직한 반면 비중이 낮으면 부피가 크고, 기공이 크고 조직이 거칠다.

(2) 비중 측정법

비중컵으로 잰다. 반죽과 물을 각각 비중컵에 담아 무게를 잰 뒤, 그 값에서 비중컵의 무게를 빼면 반죽의 비중이 나온다.

- 비중 = 반죽 무게/물 무게

5 성형 팬닝

제과에서의 성형 팬닝 방법은 다음과 같다.

1) 짜내기

반죽을 짤주머니에 넣고 일정한 크기의 철판에 짜놓는 방법

2) 찍어내기

반죽을 형틀로 찍어 눌러 모양을 뜨는 방법

3) 접어내기

밀가루 반죽에 유지를 얹어 감싼 뒤 밀어 펴고 접기를 되풀이함

4) 팬닝

갖은 모양을 갖춘 틀에 반죽을 채워 넣고 구워서 형태를 만드는 방법

6 굽기 또는 튀기기

1) 튀김기름의 온도조절

반죽에 따라 다르지만 반죽의 표면에 막을 씌워 기름이 너무 많이 흡수되지 않을 만큼 높은 온도여야 한다. 온도가 낮으면 너무 많이 부풀어 껍질이 거칠고 기름이 많이 흡수된다.

2) 튀김 상태 평가

(1) 껍질 상태

① 바삭거린다.
② 수분이 거의 없다.
③ 기름을 많이 먹는다.
④ 황갈색을 띤다.

(2) 껍질 안쪽 상태

① 구운 과자의 조직과 비슷하다.
② 팽창작용과 호화작용이 함께 일어난다.
③ 기름이 많이 흡수되지 않는다.

3) 속부분 상태

① 열을 조금 받는다.
② 수분이 많다.
③ 저장하는 동안 수분이 껍질 쪽으로 옮아간다.

4) 굽기 및 튀기기 시 주의사항

(1) 굽기

고율배합, 반죽양이 많을수록 낮은 온도에서 오래 구워준다.

(2) 튀기기

반죽의 표면에 막을 씌워 기름이 너무 많이 흡수되지 않을 만큼 높은 온도로 한다.

5) 튀김과자 도넛

도넛은 팽창방법에 따라 빵도넛(이스트 사용)과 케이크 도넛(화학팽창제)으로 나눈다.

(1) 도넛의 구조와 특성

① 껍질 : 튀김기름에 바로 닿는 부분. 수분이 거의 없어지고 기름이 많이 흡수된다. 황갈색이고 바삭거린다.

② 껍질 안쪽 부분 : 조직이 보통의 케이크와 비슷하다. 팽창이 일어나고 전분이 호화하는 데 충분한 열을 받는다. 유지가 조금 흡수된다.

③ 속부분 : 열이 다 전달되지 않아 수분이 많다. 시간이 흐름에 따라 이 수분이 껍질 쪽으로 옮아간다. 그 결과 도넛에 묻힌 설탕이 녹고 바삭거림이 없어진다.

(2) 도넛을 만드는 재료의 특성

① 밀가루

중력분 또는 강력분과 박력분을 섞어 쓴다.

② 설탕

가. 감미제, 수분 보유제, 껍질색 개선, 저장 수명 연장 등의 기능을 가지고 있다.

나. 반죽시간이 짧으므로 용해성이 큰 고운 입자의 설탕을 쓴다.

다. 껍질색을 짙게 하려면 포도당을 소량(5% 미만) 쓰기도 한다.

③ 계란

가. 영양강화의 물질이고 식욕 돋우는 색을 낸다.

나. 구조 형성재료로 도넛을 튼튼하게 하며 수분을 공급한다.

④ 유지

가. 가소성 경화 쇼트닝을 쓴다.

나. 밀가루의 글루텐을 연화시킨다.

다. 버터를 쓰면 향이 높아진다.

라. 저장하는 동안 가수분해하지 않고 산패하지 않아야 한다.

⑤ 분유

가. 흡수율이 높아져 글루텐의 구조가 튼튼해진다.

나. 젖당이 반응하여 껍질색을 개선한다.

다. 전지분유, 탈지분유 모두 쓸 수 있다.

⑥ 팽창제

가. 베이킹파우더를 많이 쓴다.

나. 배합률, 밀가루 특성, 도넛의 크기 등에 따라 사용량이 다르다.

다. 과다한 중조 사용 시 : 어두운 색, 거친 조직, 소다 맛, 비누 맛이 난다.

라. 과당한 산 사용 시 : 여린 색, 조밀한 조직, 자극적인 맛이 난다.

마. 중조는 미세한 입자 상태여야 제품 표면에 노란 반점이 생기지 않는다.

⑦ 향료

가. 우리 입맛에 가장 익숙한 향은 바닐라 향

나. 향신료로 넛메그, 메이스를 쓴다.

(3) 튀기기

튀김기름은 도넛을 익히는 열을 전도하는 매체이다. 튀김용 기름이 갖추어야 할 조건은 다음과 같다.

① 냄새가 중성이다.

② 튀김에 기름기가 남지 않고 튀겨낸 뒤 바로 응결한다.

③ 저장 중 안정성이 높다.

④ 발연점이 높다.

⑤ 오래 튀겨도 산화와 가수분해가 일어나지 않는다.

7 마무리(충전·장식)

제품의 멋과 맛을 한층 돋우고 더 나아가 제품에 윤기를 주며 보관 중 표면을 마르지 않도록 한 겹 씌우는 재료를 장식물이라 한다. 그리고 시트 표면에 크림을 바르고 짜내어 얹는 것을 아이싱이라 한다. 아이싱한 제품이나 하지 않은 제품을 위에 얹거나 붙여서 맛을 좋게 하고 시각적 효과를 높이는 것을 토핑이라 한다.

1) 아이싱

(1) 아이싱의 재료

① **설탕(그라뉴당)** : 설탕 입자가 고울수록 아이싱이 부드럽다.

② **유지** : 아이싱의 부드러움과 윤기를 돋우는 재료이다.

　　가. 중성 쇼트닝 : 유화·경화 쇼트닝 등이 있으며 맛과 향이 없고 가루재료와 잘 섞이며 첨가하는 향료의 특성을 살려준다.

　　나. 버터 : 향이 좋은 고급 아이싱을 만든다.

　　다. 카카오 버터 : 초콜릿의 한 성분으로 아이싱의 윤기와 저장성을 높여주며 녹는점이 높아 아이싱을 빨리 안정시켜 준다.

③ **탈지분유** : 가벼운 크림과 향이 진한 버터크림에 사용한다. 분유는 수분을 흡수하고 크림 구성체를 이루며 아이싱의 맛과 향을 높여준다.

※ 사용 시 주의점 : 설탕과 함께 체침. 그렇지 않으면 크림 속에 덩어리가 생긴다. 모양깍지로 짜내기 어렵다.

④ 물 : 설탕을 녹이는 성분이다.

※ 지방함량이 25% 이상인 아이싱을 묽게 할 때는 시럽을 섞는다. 물을 넣으면 지방이 굳어 다른 수분과 분리된다.

⑤ 계란 : 신선하고 냄새가 나지 않는 것을 사용하며 계란의 흰자만을 거품내어 크림에 섞으면 부피가 더욱 커지고 윤기가 좋아진다.

※ 아이싱에 계란을 넣을 때는 조금씩 넣고 완전히 흡수된 뒤에 넣어야 응유현상을 막는다.

⑥ 안정제 : 안정제 종류에는 타피오카, 전분, 펙틴, 옥수수 전분, 밀 전분, 식물성 검 등이 있다.

※ 안정제를 쓰는 이유 : 안정제가 겔을 만들어 수분을 많이 흡수하고 그 결과 설탕이 결정화하지 않도록 하기 위함이다. 고온 다습한 기후에서 끈적거리고 눌어붙는 현상을 없애기 위해서이다.

⑦ 향료 : 아이싱에 넣는 향은 날아가지 않으므로 굽는 제품에 쓰는 양보다 조금 적게 쓴다.

⑧ 소금 : 소량 넣으면 다른 재료의 맛과 향을 보존한다.

⑨ 휘핑크림 : 생크림에 거품을 내어 사용한다.

⑩ 퐁당 : 설탕을 물에 녹여 끓인 뒤 희뿌연 상태로 결정화시킨 것을 사용한다.

⑪ 머랭 : 흰자를 거품내어 만든 것으로 다음과 같은 종류가 있다.

　　가. 냉제 머랭 : 흰자와 설탕을 넣고 거품을 내어 만드는 방법

　　나. 온제 머랭 : 흰자를 데운 뒤 설탕을 넣고 거품을 만드는 방법

　　다. 이탈리안 머랭 : 설탕과 물을 끓여 시럽을 만든 뒤 흰자에 넣고 거품을 내어 만드는 방법

⑫ 버터크림 : 경화 쇼트닝, 버터 또는 마가린을 설탕과 섞어 휘저어 만든 크림이다.

⑬ 이탈리안 크림 : 계란을 위주로 하고 우유, 설탕을 끓여서 만든 크림이다.

⑭ 커스터드 크림 : 우유, 계란, 설탕을 한데 섞고 전분이나 박력분을 넣고 끓인 크림이다.

⑮ 글레이즈 : 과자류 표면에 윤기를 내거나 과자 표면이 마르지 않도록 젤리를 바르
는 것을 말한다.

8 포장

(1) 포장하는 목적

① 소비자의 구매 욕구를 충족시키기 위해서이다.
② 저장, 유통과정 중 변하기 쉬운 품질을 유지하며 상품의 수명을 늘리기 위해서이다.

(2) 포장기를 사용할 때 주의할 점

① 포장지의 길이를 알맞게 맞춘다.
② 히터 크랭크와 공급체인 크랭크를 조절한다.
③ 높이와 각도를 조절한다.

IV
재료

1 밀가루

중국 고서에 의하면 밀은 기원전 2700년 전에 재배되기 시작했으며, 지중해와 메소포타미아 지방에서도 최소 5000~6000년 동안 경작되어 왔다고 한다. 그러므로 밀은 가장 최초로 재배되어 온 곡류 중 하나이다. 밀가루는 어떠한 재료보다 반죽에 미치는 영향이 크고 또한 최종 제품의 품질에도 상당한 영향을 준다. 그러한 이유는 첫째, 밀에 들어 있는 독특한 단백질들이 구조의 팽창에 강한 특성을 보여주기 때문이다. 둘째, 제품 속에 들어 있는 재료 중에서 밀가루가 가장 많이 함유되어 있기 때문이다. 그러므로 만족할 만한 결과를 얻기 위해서는 밀가루의 품질이 일정해야 하고 그 특성을 잘 알아야만 한다.

1) 밀가루의 기능

(1) 제빵에서의 기능

밀가루는 구워진 제품에서 기초 골격을 이루게 해주는데 이것은 발효 시에 생성된 가스를 보유할 수 있게 하는 글루텐의 형성 때문이다. 밀가루에 있는 단백질인 글리아딘과 글루테닌이 물과 섞이기 시작하면 글루텐이라고 하는 단백질이 생기게 되는데, 두

가지 단백질이 나타내는 현상은 각각 다르다. 글리아딘은 신전성을 좋게 한다. 하지만 탄성이 나쁘게 되어 주로 빵 제품의 부피를 조절하는 데 나타난다. 글루테닌은 고분자의 단백질이며 글리아딘과는 반대의 현상이 일어나 반죽의 발전에 영향을 미치고 반죽에 소요되는 시간을 조절하게 된다. 이것들은 이스트를 이용한 제품의 반죽 시 물과 혼합되면서 글루텐을 형성하여 가스 보유력을 가진다. 또한 밀가루는 생산된 제품의 특성인 부피, 껍질과 속의 색, 그리고 맛 등에 영향을 준다.

(2) 제과에서의 기능

케이크를 만들 때는 가능한 글루텐의 발전을 억제시켜야만 부드러운 제품을 생산할 수 있어서 박력밀가루나 중력밀가루를 사용한다. 밀가루의 성분 중 케이크의 구조 형성 시 수분을 흡수하여 호화현상을 이루게 하는 전분이 있는데 이 밀가루의 기능이 제과에서도 가장 중요한 역할을 하며, 그 외에 다른 재료들을 결합시키거나 제품의 속질을 향상시키는 기능이 있다. 또한 표백된 밀가루는 함유되어 있는 전분의 호화온도를 낮추는 결과를 나타내므로 오븐에서 최대한의 팽창 효과를 볼 수 있으며 표백된 밀가루는 물뿐만 아니라 설탕이나 유지 등을 더 많이 첨가할 수 있도록 하기 때문에 케이크 제조 시 이 종류의 밀가루를 사용하는 것이 좋다. 표백이 덜 된 밀가루를 사용하여 케이크를 제조했을 경우, 오븐에서 꺼냈을 때 제품에 수축 현상이 일어나곤 한다.

2 소금

1) 소금의 기능

(1) 제빵에서의 기능

소금은 제빵과정에서 주로 세 가지 기능을 가지고 있다.

첫째, 제품에 향이 나게 하는 것이다. 빵 제품에서 소금 특유의 짠맛과 함께 여러 가지 나쁜 향들을 상쇄하는 효과를 얻을 수 있다. 이러한 기능은 밀가루를 기준으로 약

1.5~2.0% 정도 사용하면 된다. 만약 적게 투입되거나 소금을 사용하지 않을 경우 제품은 아무 맛도 느낄 수가 없고 제품으로서의 가치는 없어진다.

소금의 두 번째 기능으로는 이스트의 활동과 관련되어 발효능력을 억제하는 것이다. 이스트가 활동하기 위해서는 당분이 필요하듯이 반죽 내의 소금은 이러한 활동을 어렵게 하여 발효를 지속적으로 조절하게 된다. 이 작용은 소금에 있는 나트륨과 염소이온이 이스트 세포의 얇은 막에 영향을 주어 가스의 생성을 감소시키게 된다. 따라서 발효 시간이 오래 걸리게 된다. 세 번째의 기능으로 글루텐을 강화시키는 작용을 들 수 있다.

3 이스트

빵제품이 팽창하기 위해서는 여러 방법이 있으며 근본적으로는 이스트의 작용으로 발생되는 탄산가스를 이용한다. 그러나 처음부터 이스트를 이용한 제품이 만들어졌던 것은 아니었으며 주로 야생 효모균을 이용한 유산균이나 초산균의 작용으로 만들어진 부드럽고 향이 있는 빵제품을 만들었다. 오늘날 사용하는 이스트의 작용은 1857년 파스퇴르가 발견한 것이다.

1) 이스트의 기능

이스트의 중요한 기능은 발효 시에 생성되는 탄산가스이다. 이와 더불어 알코올, 산, 열 등이 부산물로 생성되어 발효과정에서 원하는 반죽의 부피와 향을 얻을 수 있다.

4 물

물은 빵이나 케이크 제품을 만들 때 혼합되는 재료 중에서 가장 흔하고 싼 재료이며, 밀가루 다음으로 많이 들어가는 재료이다.

1) 물의 기능

물은 빵을 만들 때와 케이크류를 제조할 때 주된 기능이 다르지만 이것을 요약하면 다음과 같다 : 수화, 반죽의 되기 조절, 반죽의 온도 조절, 용매 역할, 효소 활동, 제품에 식감을 부여한다.

5 이스트푸드

이스트가 필요로 하는 영양분으로 질소, 인을 제공하고, 믹싱 시 반죽의 단백질에 영향을 주어 글루텐을 발전시키고 신장성을 개선하며 가스포집력의 증가로 제품의 부피를 크게 한다. 물의 경도를 조절하여 제빵적성에 맞는 무기질의 양을 일정하게 함으로써 균일한 제품이 되도록 만든다. 이스트푸드의 주 기능은 영양분 공급, 산화제, 경도조절이다.

6 유지

유지는 지방산과 글리세롤이 결합한 것으로 물보다 비중이 가벼우며, 유지 100g에는 약 95g의 지방산이 함유되어 있다. 유지는 triglycerides를 말하며 실내 온도에서는 고체와 액체 상태로 존재한다. 고체일 경우 지(脂, fats), 액체일 경우 유(油, oils)라고 표기하며, 두 상태를 총칭하여 유지(油脂, fat)라고 한다.

1) 유지의 기능

(1) 제빵에서의 기능 : 속질의 개선

제빵에서 유지의 근본적인 기능은 윤활작용에서 얻어지는 제품의 부드러움을 들 수 있다. 이러한 윤활작용은 굽기과정에서도 역할을 하게 되며 유지를 첨가하지 않은 제품과 비교해서 좋은 팽창 효과를 얻을 수가 있다. 수분 보유력이 뛰어나서 제품의 수명을 연장시킨다.

(2) 제과에서의 기능

제빵에서의 단순한 기능에 비교해서 케이크 종류에서 유지의 기능은 윤활기능 이외에도 크림성, 유화성, 기포성 등이 있다.

7 설탕

오래전 인도에서 sakcharon이라고 불렸던 사탕수수는 이미 8000년 전 남태평양에서 재배되었으며, 627년경에야 페르시아에서 입자가 있는 설탕의 결정으로 만들게 되었다. 따라서 설탕이란 보통 입자가 있는 굵은 설탕(granulated sugar)을 말하며, 이것은 거의 자당(sucrose)에 의해서 만들어지기 때문에 일반적으로 자당을 설탕이라고 부른다.

1) 설탕의 기능

(1) 제빵에서의 기능

① 캐러멜 작용과 메일라드 반응에 의한 급속한 껍질색 형성이 일어난다.
② 향을 증진시킨다.
③ 제품의 속질을 향상시킨다.
④ 흡습성으로 인해 제품의 수명을 연장시킨다.
⑤ 반죽의 단위무게를 증가시킨다.

(2) 제과에서의 기능

케이크류를 만들 때 많이 사용되는 설탕은 제품에 단맛을 줄 뿐만 아니라 수분 보유력이 있어서 제품을 부드럽게 하고 색과 질을 좋게 한다.

8 계란

계란은 제과에서 사용되는 매우 중요한 재료이며, 경우에 따라서는 총재료비의 50% 이상을 차지하기도 한다. 이러한 계란은 보통 신선한 것을 사용하게 되지만, 가공상태에 따라 여러 형태가 있다.

1) 계란의 기능

① 영양의 증가
② 향, 조직, 식감 개선
③ 색의 제공
④ 커스터드 크림 제조 시 농후화제
⑤ 스펀지 케이크, 엔젤 푸드 케이크, 시폰 케이크 등에서 팽창제로 작용
⑥ 계란 노른자에 있는 레시틴은 마요네즈 제조 시 유화제로 사용
⑦ 케이크의 골격을 형성하는 구성재료 및 계란의 기포성으로 부피 형성

(1) 제빵에서의 기능

계란은 여러 종류의 광물질과 비타민을 포함하고 있기 때문에 매우 높은 영양가를 지니고 있다. 흰자에 들어 있는 단백질의 작용으로 제품의 골격을 도와주고 노른자의 작용으로 부드러움과 색, 향 등을 나타내기도 한다.

(2) 제과에서의 기능

계란의 거품성을 이용한다.

9 우유

1) 우유의 기능

케이크를 만들 때 사용되는 우유와 분유는 액체의 경우 반죽의 되기 조절을, 분유의 경우 향을 주된 목적으로 한다.

(1) 제빵에서의 기능

제빵에서 우유는 영양가와 질적인 면에서 매우 중요한 개량제 역할을 하고 있다.

우유의 영양학적인 기능은 단백질과 칼슘, 비타민 등의 함유로 인해 중요하며 그 외의 기능은 다음과 같다. 첫 번째로 수분 흡수율의 증가를 들 수 있다. 두 번째로 반죽과 발효의 내구성을 높일 수 있다. 세 번째로 우유를 첨가한 제품은 우유의 독특한 향을 갖게 된다. 마지막으로 굽기 동안에 일어나는 껍질색의 변화를 들 수 있다.

10 베이킹파우더

베이킹파우더와 같은 화학적인 합성물로 된 팽창제는 그 효과로만 본다면 이스트에 의해서 생산되는 것보다 더 빨리 가스를 생산할 수 있다. 베이킹파우더는 가장 쉽게 반죽을 마치자마자 원하는 부피의 제품을 구워낼 수 있는 방법이다. 하지만 사용량은 제품의 종류나 다른 재료들과의 함량차이, 그리고 굽는 온도 등에 따라 달라진다.

케이크를 만들 때 베이킹파우더가 사용되는 가장 중요한 기능으로는 팽창효과로부터 얻은 공기에 의해 제품을 크고 부드럽게 한다는 것이다. 그리고 암모니아 가스를 생성하는 팽창제에서는 단백질의 연화작용도 얻을 수 있다. 이러한 팽창효과는 얇고 일정한 조직들을 이루게 되어 제품의 부피나 속질 등을 조절할 수도 있다. 그 밖에 베이킹파우더는 제품의 색, 맛, 산도 등에도 영향을 미치게 되어 베이킹파우더를 많이 첨가할수록 알칼리성이 강해지고 제품의 색도 진하며 쓴맛을 나타낸다. 따라서 베이킹파우더에 있는 산과 소다의 양을 적절히 혼합해서 사용해야만 이상적인 좋은 제품을 유지할 수 있다. 사용에서도 팽창효과가 큰 달걀 같은 재료가 많이 섞이면 베이킹파우더의 양은 줄여야 한다. 그리고 사용하는 밀가루와 수분의 함량이 많으면 글루텐이 발전되기 때문에 제품을 부드럽게 하기 위해서는 베이킹파우더의 양을 증가시킨다. 한편 베이킹파우더의 중요한 성분인 베이킹소다는 기능 면에서 베이킹파우더와는 크게 다르며, 주로 산성 제품을 알칼리화시키는 산도 조절제로 사용된다.

Part 2
실기편

기본 소스
&
크림

크림파티시에르

우유 1000g, 설탕 240g, 노른자 240g, 전분 80g, 버터 80g, 바닐라빈 1개

제조공정

1 우유와 바닐라빈, 설탕 1/2을 냄비에 80℃로 데운다.
2 다른 볼에 노른자, 설탕 1/2, 전분을 뽀얗게 믹싱해 둔다.
3 1과 2를 혼합해 체에 걸러 불 위에서 걸쭉하게 끓인다.
4 버터를 혼합하고 차갑게 식혀 보관 사용한다. (사용기간 2일)

스트로이젤

버터 190g, 설탕 190g, 아몬드가루 90g, 프랑스밀가루[T55] 380g

제조공정

1 버터를 부드럽게 만든다.
2 나머지 모든 재료를 믹서기에 넣고 분말화되도록 비터로 믹싱한다.

발효 반죽

중력분 200g, 물 130cc, 소금 2g, 생이스트 1.5g

제조공정

1 위 반죽을 전체 믹싱 후 60분간 실온발효시킨 후 냉장 보관하여 사용한다.
2 2일간 사용할 수 있다.

바닐라버터크림

크림파티시에르 250g, 버터 550g, 연유 150~200g, 럼주 20g

제조공정

1 크림파티시에르[기본소스 p.70 참조]를 부드럽게 휘저어 준비한다.
2 포마드상태의 버터와 연유를 휘핑한다.
3 크림파티시에르와 럼주 혼합 후 100% 믹싱한다.

바닐라생크림

생크림 750g, 설탕 60g, 쿠앵트로 40g, 마스카포네 250g, 크림파티시에르 250g

제조공정

1 생크림, 설탕, 쿠앵트로를 단단하게 100% 휘핑한다.
2 크림파티시에르와 마스카포네를 부드럽게 혼합한 뒤 생크림에 넣고 믹싱한다.

치즈크림

크림치즈 1000g, 설탕 130g, 생크림 80g, 소금 2g, 레몬즙 5g

제조공정

1 크림치즈를 믹서기에 비터로 믹싱한다.
2 설탕과 생크림을 투입하면서 부드럽게 믹싱한다.
3 차갑게 보관 후 다음날 사용한다.

Brioche Nanterre

브리오슈 넝테흐

재료

반죽 총 2437g

강력분 750g, 프랑스밀[T55] 250g, 설탕 182g, 소금 20g, 이스트 40g
버터 455g, 계란 405g, 우유 185g, 발효반죽 150g

토핑재료

하겔슈거 브리오슈 1개당 15g

제조공정

1 반죽재료 전체를 스트레이트법으로 반죽한다.

2 믹싱은 최종단계까지 한다.

3 1차 발효 온도 27℃, 습도 75~80%에서 40~50분간 발효시킨다.

4 1차 발효된 반죽을 펀치하고 400×600 크기로 얇게 밀어 비닐을 깔고
반죽을 올린 뒤 비닐을 덮어 4℃, 12시간 냉장휴지시킨다.

5 50g으로 분할 후 둥글리기한다.

6 반죽이 차갑게 되도록 20분간 냉장고에 휴지시킨다.

7 반죽을 타원으로 밀어 펴고 가로 양쪽을 가운데로 접고 말아서 성형한다.

8 틀규격: 틀 위 기준 가로×세로×높이 160×80×60에 4개 총 200g으
로 팬닝한다.

9 2차 발효 온도 35~40℃, 습도 75~80%에서 30~40분간 발효시킨다.

10 계란칠 후 가운데를 가위로 잘라 버터를 짠 후 하겔슈거를 뿌리고 굽
는다.

11 160℃의 컨벡션 오븐에서 23~25분간 굽는다.

 * 밀가루를 차게 보관 후 반죽하고 믹싱은 100% 이상 충분히 해준다.
* 믹싱 시 글루텐이 최대한 얇게 비칠 때까지 한다.

Bread Vanilla

빵 바닐라

재료

반죽 총 2320g

강력분 800g, T55 200g, 설탕 180g, 소금 20g, 이스트 40g

버터 500g, 계란 400g, 우유 180g

내용물 &토핑재료

바닐라버터크림 [기본소스 & 크림 p.71 참조]

크림파티시에르 [기본소스 & 크림 p.70 참조]

밀크초콜릿/파이테포요틴/데코스노우

제조공정

1   반죽재료 전체를 스트레이트법으로 반죽한다.

2   버터를 5번에 나눠 투입하면서 믹싱은 최종단계까지 한다.

3   1차 발효 온도 27℃, 습도 75~80%에서 70~80분간 발효시킨다.

4   56g으로 분할 후 둥글리기한다.

5   반죽이 차갑게 되도록 20분간 냉장고에 휴지시킨다.

6   반죽을 둥글리기 후 그대로 빵용 철판에 12개 팬닝한다.

7   2차 발효 온도 35~40℃, 습도 75~80%에서 30~40분간 발효시킨다.

8   160℃의 컨벡션 오븐에서 9~10분간 굽는다.

완제품 제조공정

1   빵에 구멍을 내고 바닐라버터크림 40g을 주입한다.

2   녹인 밀크초콜릿을 전체에 바르고 파이테포요틴을 묻힌다.

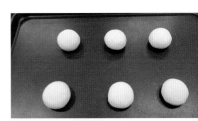
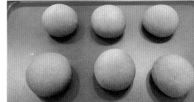

 * 밀가루를 차게 보관 후 반죽하고 믹싱은 100% 이상 충분히 해준다.

Apple Bread

사과빵

생산량 : 40ea(56g)

재료

반죽 총 2300g

강력분 1000g, 아몬드분말 100g, 설탕 180g, 소금 20g, 이스트 40g
버터 300g, 계란 360g, 물 300g

내용물 & 토핑재료

스트로이젤 [기본소스 & 크림 p.70 참조]
사과마멀레이드/사과 600g, 설탕 100g, 물 140g, 전분 10g, 바닐라빈 1개

사과마멀레이드 제조공정

1 사과를 0.8cm 크기로 깍둑썰기하고 모든 재료를 냄비에 넣고 수분이 없을 때까지 졸인다. [15~20분 소요]
2 원형 실리콘몰드에 30g씩 분할해 냉동 후 사용한다.

제조공정

1 버터를 제외한 반죽재료 전체를 스트레이트법으로 최종단계까지 반죽한다.
2 1차 발효 온도 27℃, 습도 75~80%에서 60~70분간 발효시킨다.
3 56g으로 분할 후 둥글리기한다.
4 반죽이 차갑게 되도록 20분간 냉장고에 휴지시킨다.
5 반죽을 지름 10cm 원반형태로 밀어 펴고 접시형 코팅 원형틀에 팬닝한다.
6 2차 발효 온도 35~40℃, 습도 75~80%에서 30~40분간 발효시킨다.
7 계란칠 후 스트로이젤 전체에 굵은체를 사용해 전체 토핑한 후 냉동된 사과마멀레이드를 가운데 올려 바닥까지 눌러준다.
8 160℃의 컨벡션 오븐에서 8~9분간 굽는다.

완제품 제조공정

1 사과 내용물 위에 미루아(광택제)를 바르고 데코스노우와 허브로 장식한다.

 * 사과마멀레이드는 완전히 익지 않아도 된다.
* 2차 발효 후 계란칠, 스트로이젤, 사과 내용물 순서. 사과는 바닥까지 꼭꼭 눌러준다.

Strawberry Nest
딸기 둥지

재료

반죽 총 2300g

강력분 1000g, 설탕 200g, 소금 18g, 이스트 40g, 분유 30g

버터 300g, 계란 200g, 물 220g, 우유 200g

내용물 & 토핑재료

크림파티시에르 [기본소스 & 크림 p.70 참조]

스트로이젤 [기본소스 & 크림 p.70 참조]

딸기꿀리/딸기퓌레 300g, 설탕 132g, 펙틴 NH 5g, 딸기리플잼 50g

딸기꿀리 제조공정

1 딸기꿀리를 냄비에 넣고 설탕과 펙틴을 섞어 같이 끓인다(100~101℃).

2 냉장고에 보관 후 사용할 때 녹여서 빵에 사용한다.

제조공정

1 반죽재료 전체를 스트레이트법으로 최종단계까지 반죽한다.

2 1차 발효 온도 27℃, 습도 75~80%에서 60~70분간 발효시킨다.

3 56g으로 분할 후 둥글리기한다.

4 반죽이 차갑게 되도록 20분간 냉장고에 휴지시킨다.

5 반죽을 지름 10cm 원반형태로 밀어 펴고 접시형 코팅 원형틀에 팬닝한다.

6 2차 발효 온도 35~40℃, 습도 75~80%에서 30~40분간 발효시킨다.

7 계란칠 후 스트로이젤을 굵은체를 사용해 전체 토핑한 후 냉동된 크림파티시에르를 가운데 올려 바닥까지 눌러준다.

8 160℃의 컨벡션 오븐에서 8~9분간 굽는다.

완제품 제조공정

1 가운데 딸기꿀리를 녹여 부어주고 데코스노우로 장식한다.

tip
  * 믹싱을 100% 이상 충분히 한다.
  * 80% 정도만 2차 발효시킨다. 오븐스프링이 많이 일어난다.
  * 2차 발효 후 크림파티시에르 충전 시 바닥까지 튼튼히 눌러준다.

Snow Milk Bread

스노우 밀크빵

재료

반죽 총 2300g

강력분 1000g, 설탕 200g, 소금 18g, 이스트 40g, 분유 30g

버터 300g, 계란 200g, 물 220g, 우유 200g

내용물

딸기크림파티시에르/딸기퓌레 500g, 흰자 120g, 설탕 120g, 전분 40g, 버터 40g

• 딸기크림파티시에르 제조공정은 일반적인 커스터드 크림과 동일하게 제조한다.
  원형 실리콘 몰드에 넣고 냉동시킨 후 사용한다.

우유크림/생크림 700g, 설탕 40g, 연유 90g, 보쥬밀크술 40g, 마스카포네 250g

우유크림 제조공정

1 모든 재료를 믹싱기에 넣고 단단하게 휘핑한다.

제조공정

1 반죽재료 전체를 스트레이트법으로 최종단계까지 반죽한다.

2 1차 발효 온도 27℃, 습도 75~80%에서 60~70분간 발효시킨다.

3 56g으로 분할 후 둥글리기한다.

4 반죽이 차갑게 되도록 20분간 냉장고에 휴지시킨다.

5 반죽을 지름 8cm의 원반형태로 밀어 펴고 냉동된 딸기크림파티시에르
  를 넣고 포앙한다.

6 2차 발효 온도 35~40℃, 습도 75~80%에서 30~40분간 발효시킨다.

7 160℃의 컨벡션 오븐에서 23~25분간 굽는다.

완제품 제조공정

1 빵 윗부분에 우유크림 40g을 주입한다. [크림 주입용 깍지 사용]

2 우유크림 10g을 빵 표면에 바르고 도넛슈거를 듬뿍 묻힌다.

 * 딸기크림 포앙 시 반죽이 아래에 너무 많이 뭉치지 않도록 한다.

White Basil

화이트 바질

재료

반죽 총 1888g
강력분 1000g, 설탕 60g, 소금 18g, 이스트 30g, 분유 30g
버터 120g, 물 650g

내용물 & 토핑재료
바질크림치즈/크림치즈 1000g, 바질페스토 150g, 분당 80g, 레몬즙 10~15g
생빵가루 [토핑용]

바질크림치즈 제조공정

1   사과를 0.8cm 크기로 깍둑썰기한 뒤 모든 재료를 냄비에 넣고 수분이 없을 때까지 졸인다. [15~20분 소요]
2   원형 실리콘 몰드에 30g씩 분할해 냉동 후 사용한다.

제조공정

1   크림치즈를 부드럽게 풀어준다.
2   나머지 재료를 모두 혼합해서 원형 실리콘 몰드에 30g씩 짠 뒤 냉동시킨다.
3   50g으로 분할 후 둥글리기한다.
4   비닐을 덮어 10~20분간 중간발효시킨다.
5   반죽을 지름 8cm 원반 형태로 밀어 편 뒤 냉동된 바질치즈크림을 넣고 포앙한 후 빵가루를 묻힌다.
6   2차 발효 온도 35~40℃, 습도 75~80%에서 30~40분간 발효시킨다.
7   데크오븐 윗불 170℃ 아랫불 200℃에서 10~12분간 굽는다.

완제품 제조공정

1   빵 윗부분에 건조 바질가루 or 파슬리가루를 뿌린다.

  * 크림치즈 포앙 시 반죽이 아래에 너무 많이 뭉치지 않도록 한다.
 * 굽기 시 윗색이 나지 않게 하고 바닥 색은 갈색이 되도록 굽는다.

Bread Ganache

빵 가나슈

재료

반죽 총 2558g

강력분 1000g, 설탕 120g, 소금 18g, 이스트 40g, 분유 30g, 버터 150g, 물 670g

코코아파우더 80g, 계란 150g, 구운 호두분태 100g, 초코칩 200g

내용물 & 토핑재료

크림가나슈/다크초콜릿 470g, 생크림 290g, 물엿 240g, 메이플시럽 70g, 버터 30g

코코아파우더 [토핑용]

크림가나슈 제조공정

1 생크림, 물엿, 메이플시럽을 80℃까지 데운다.

2 다크초콜릿에 부어 유화시키고 버터를 혼합한다. [핸드블렌더 사용]

제조공정

1 반죽재료 전체를 스트레이트법으로 최종단계까지 반죽한다.

2 1차 발효 온도 27℃, 습도 75~80%에서 40~50분간 발효시킨다.

3 70g으로 분할 후 둥글리기한다.

4 비닐을 덮어 10~20분간 중간발효시킨다.

5 둥글리기로 재성형 후 지름 7cm 높이 6cm의 원통 틀에 팬닝한다.

6 2차 발효 온도 35~40℃, 습도 75~80%에서 30~40분간 발효시킨다.

7 컨벡션 오븐 160℃에서 10~12분간 굽는다.

완제품 제조공정

1 빵 윗부분에 크림가나슈를 40g 주입하고 코코아파우더를 뿌린다.

[크림 주입 깍지 사용]

 * 코코아가루로 인해 반죽이 단단하면 더하기물을 추가한다.

Cheese Cream Crunch Bagel

치즈크림 크런치 베이글

재료

반죽 총 2025g
강력분 1000g, 설탕 65g, 소금 20g, 이스트 30g, 버터 30g, 물 610g [조절]
크런치 300g

내용물 & 토핑재료
크런치/피칸 or 호두분태 345g, 생크림 50g, 물엿 80g, 버터 150g, 아몬드 125g, 설탕 140g
베이글치즈크림 [기본소스 & 크림 p.71 참조]

크런치 제조공정

1   생크림, 물엿, 버터, 설탕을 냄비에 끓인 후 피칸과 아몬드를 넣고 섞는다.
2   실리콘패드에 부어 컨벡션 오븐 160℃에 20분간 진한 갈색이 되도록 굽는다.
3   내용물을 냉장고에 식히고 부셔서 빵반죽 & 충전용으로 사용한다.

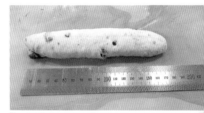

제조공정

1   반죽재료 전체를 스트레이트법으로 최종단계까지 반죽한다.
2   1차 발효 온도 27℃, 습도 75~80%에서 40~50분간 발효시킨다.
3   100g으로 분할 후 둥글리기한다.
4   비닐을 덮어 10~20분간 중간발효시킨다.
5   가운데 구멍이 크지 않게 베이글 모양으로 성형한다. 유산지 위에 팬닝한다.
6   2차 발효 온도 32℃, 습도 75~80%에서 30~35분간 70% 정도만 어리게 발효시킨다.
7   끓는 물에 앞뒤 30초씩 데치고 버터 한 조각(5g)을 가운데 올린다.
8   데크오븐 윗불 250℃ 아랫불 180℃에서 12~14분간 굽는다.

완제품 제조공정

1   빵을 슬라이스하고 치즈크림을 샌드한 후 크런치를 20g 올려 샌드한다.

 * 반죽에 크런치를 넣고 오래 돌리지 않는다. 충전물이 녹을 수 있다.

Chewy Olive Bagel

쫄깃 올리브 베이글

재료

반죽 총 2195g

강력분 700g, 설탕 75g, 소금 20g, 이스트 30g, 버터 55g, 물 330g [조절]
탕종 300g, 발효반죽 150g [기본 p.71 참조], 올리브 300g

내용물 & 토핑재료

탕종/강력분 1000g, 물 1000g, 설탕 20g, 소금 10g

탕종 제조공정

1 물을 끓인다.[100℃] 믹싱기에 강력분, 설탕, 소금 끓인 물을 5~7분간 믹싱한다.

2 반죽온도 55~60℃, 찰진 반죽이 되면 12시간 냉장 보관 후 사용한다. [2일 사용 가능]

제조공정

1 반죽재료 전체를 스트레이트법으로 최종단계까지 반죽한다.

2 1차 발효 온도 27℃, 습도 75~80%에서 40~50분간 발효시킨다.

3 110g으로 분할 후 5~6cm 길이로 예비성형한다.

4 비닐을 덮어 10~20분간 중간발효시킨다.

5 25~26cm로 늘리고 베이글 모양으로 성형한다. 유산지 위에 팬닝한다.

6 2차 발효 온도 32℃, 습도 75~80%에서 30~35분간 70% 정도만 어리게 발효시킨다.

7 끓는 물에 앞뒤 30초씩 데친다.

8 데크오븐 윗불 270℃ 아랫불 180℃에서 12~14분간 굽는다.

완제품 제조공정

1 빵을 슬라이스하고 치즈크림을 샌드할 수 있다. [기본소스 & 크림 p.71 참조]

 * 탄력을 위해 빵 반죽에 탕종량을 가감 조절할 수 있다.

Chewy Basil
쫄깃한 바질

재료

반죽 총 2195g

강력분 700g, 설탕 75g, 소금 20g, 이스트 30g, 버터 55g, 물 330g [조절]
탕종 300g, 발효반죽 150g [기본 p.71 참조]

내용물 & 토핑재료

바질페스토/생바질 60g, 잣 40g, 마늘 2개, 파마산치즈 50g, 올리브유 100g
소금·후추 2~3g

바질페스토 제조공정

1 생바질은 세척, 잣은 구워서 준비. 모든 재료를 블렌더로 갈아준다.

   * 세척한 유리병이나 진공팩으로 보관한다.

제조공정

1 반죽재료 전체를 스트레이트법으로 최종단계까지 반죽한다.

2 1차 발효 온도 27℃, 습도 75~80%에서 40~50분간 발효시킨다.

3 60g으로 분할 둥글리기한다.

4 비닐을 덮어 10~20분간 중간발효시킨다.

5 반죽을 밀어 펴기 후 15cm의 타원형으로 성형한다. [팬닝 철판 사용]

6 2차 발효 온도 32℃, 습도 75~80%에서 30~35분간 70%만 발효시킨다.

7 끓는 물에 앞뒤를 30초씩 데친다.

8 데크오븐 윗불 170℃ 아랫불 200℃에서 12~14분간 굽는다.

완제품 제조공정 (기본소스 & 크림치즈 참조)

1 빵을 슬라이스하고 치즈크림 10g, 바질페스토 15g을 샌드하고 바질페스토를 빵 위에 조금 바른다. [샌드양은 조절]

Leopard Bagel

레오파드 베이글

재료

반죽 총 2050g

강력분 1000g, 설탕 50g, 소금 20g, 이스트 40g, 버터 50g, 물 650g

계란 80g, 발효반죽 150g [기본 p.71 참조] 천연개량제 10g

내용물 & 토핑재료

쌀토핑물/쌀가루 440g, 미지근한 물 440g, 설탕 48g, 소금 24g, 이스트 48g, 올리브유 48g

쌀토핑물 제조공정

1 모든 재료를 혼합 후 50~60분간 실온 발효시킨다.

   * 성형 후 제조 2차 발효 후 즉시 사용한다. 빵에 붓을 사용해서 바른다.

제조공정

1 반죽재료 전체를 스트레이트법으로 최종단계까지 반죽한다.

2 1차 발효 온도 27℃, 습도 75~80%에서 40~50분간 발효시킨다.

3 100g으로 분할 후 5~6cm 길이로 예비성형한다.

4 비닐을 덮어 10~20분간 중간발효시킨다.

5 25~26cm로 늘리고 베이글 모양으로 성형한다. 유산지 위에 팬닝한다.

6 2차 발효 온도 32℃, 습도 75~80%에서 40~50분간 발효시킨다.

7 쌀 토핑물을 빵 위에 바른다.

8 데크오븐 윗불 250℃ 아랫불 180℃에서 14~15분간 굽는다.

완제품 제조공정 (기본소스 & 크림치즈 참조)

1 빵을 슬라이스하고 치즈크림을 샌드하고 쪽파를 샌드한다.

Marron Cream Croissant
마롱크림 크라상

재료

반죽 총 2450g

강력분 750g, 프랑스밀[T55] 250g, 설탕 130g, 소금 20g, 이스트 40g, 버터 100g, 물 460g
크라상 남은 반죽 200g, 충전용 버터 500g

내용물 & 토핑재료

마롱크림/크림파티시에르 120g, 밤페이스트 700g, 밤스프레드 250g, 버터 120g, 럼 40g
바닐라생크림 & 크림파티시에르 [기본소스 & 크림 p.70 참조]

마롱크림 제조공정

1   밤크림을 부드럽게 풀고 밤페이스트, 버터, 크림파티시에르, 럼 순으로
    믹싱한다.

    * 밤페이스트가 덩어리지지 않도록 주의. 비터로 믹싱한다.

제조공정

1   반죽재료 전체를 스트레이트법으로 최종단계까지 반죽한다. [975g 2
    개로 분할]

2   1차 발효 온도 24℃, 실온에서 20분간 발효 재둥글리기 후 20간 더 발
    효시킨다.

3   가로 20cm 세로 40cm로 만들어 2시간 냉장휴지시킨다.

4   250g의 버터를 가로 20cm 세로 20cm 정사각형으로 만들어 10℃에
    서 보관 후 밀어 펴기한다.

5   3절 1회 4절 1회 밀어 펴기 후 3mm로 밀어 가로 9cm 세로 27cm로
    재단한다.

6   크라상으로 성형, 2차 발효 온도 32℃, 습도 75~80%에서 90분간 2
    차 발효시킨다.

7   계란칠 후 데크오븐 윗불 200℃ 아랫불 180℃에서 14~15분간 굽는다.

완제품 제조공정

1   빵 가운데를 잘라 바닐라 생크림을 30g 짜고 다진 보늬밤 30g을 올린다.

2   마롱크림을 그 위에 짜고 보늬밤과 허브 데코스노우로 장식한다.

Almond Vostok

아몬드 보스톡

재료

반죽 총 2437g

강력분 750g, T55 250g, 설탕 182g, 소금 20g, 이스트 40g
버터 455g, 계란 405g, 우유 185g, 발효반죽 150g

내용물 & 토핑재료

프랑지판크림/아몬드가루 150g, 분당 150g, 버터 145g, 계란 90g, 전분 6g, 럼주 28g, 크림파티시에르 150g
크림파티시에르 [기본소스 & 크림 p.70 참조]

프랑지판크림 제조공정

1 부드러운 버터에 체친 분당과 아몬드가루를 넣고 믹싱한다.
2 계란을 조금씩 넣으면서 믹싱하고 전분, 럼을 혼합한다. 크림파티시에르를 섞는다.

제조공정

1 반죽재료 전체를 스트레이트법으로 최종단계까지 반죽한다.
2 1차 발효 온도 27℃, 습도 75~80%에서 40~50분간 발효시킨다.
3 350g으로 분할 후 둥글리기한다.
4 비닐을 덮어 10~20분간 중간발효시킨다.
5 유산지를 높이 깐 통조림틀에 둥글리기 후 팬닝한다.

6 2차 발효 온도 32℃, 습도 75~80%에서 40~50분간 발효시킨다.
7 컨벡션 오븐 150℃에서 25~30분간 굽는다. 하루 동안 실온에 보관한다.

완제품 제조공정

1 빵을 2cm 간격으로 슬라이스한다.
2 시럽을 20g 바르고 프랑지판크림 25g을 바른다. 슬라이스 아몬드를 토핑한다.
3 컨벡션 오븐 180℃에 9~10분간 굽고 식으면 데코스노우를 전체 체로 뿌린다.

Bread Viennoir

빵 비에누아

생산량 : 20ea(120g)

재료

반죽 총 2030g

강력분 1000g, 설탕 120g, 소금 20g, 이스트 30g, 버터 150g, 우유 550g [조절]

계란 100g, 발효반죽 200g [기본 p.71 참조]

제조공정

1 반죽재료 전체를 스트레이트법으로 최종단계까지 반죽한다.

2 1차 발효 온도 27℃, 습도 75~80%에서 40~50분간 발효시킨다.

3 120g으로 분할 둥글리기한다.

4 비닐을 덮어 120분 이상 차갑고 단단해지게 반죽을 만든 후 밀어 펴기 한다.

5 반죽을 밀어 펴기 후 29cm의 스틱 모양으로 성형한다.

6 팬닝은 바게트 전용 팬을 사용한다.

7 2차 발효 온도 32℃, 습도 75~80%에서 50~60분간 발효시킨다.

8 계란칠을 얇게 한다.

9 데크오븐 윗불 200℃ 아랫불 200℃에서 14~15분간 굽는다.

완제품 제조공정

1 플레인 빵 비에누아는 원하는 잼 또는 크림을 넣어 사용하거나 샌드위치 용으로 사용한다.

 * 비에누아 반죽은 분할 후 비닐 덮어 2시간 이상 12시간까지 냉장 보관한다.

* 차가운 비에누아를 길게 성형 후 사선 칼집을 많이 만든다.

* 계란칠 시 얇게 바르고 칼집 음각부분은 칠하지 않는다.

Cranberry Bread
크랜베리 빵

재료

반죽 총 2340g

강력분 1000g, 설탕 20g, 소금 20g, 이스트 30g, 버터 40g, 물 720g [조절]
몰트 10g, 구운 호두분태 200g, 건조 크랜베리 300g

제조공정

1 반죽재료 전체를 스트레이트법으로 최종단계까지 반죽한다.

2 1차 발효 온도 27℃, 습도 75~80%에서 40~50분간 발효시킨다.

3 80g으로 분할 둥글리기한다.

4 비닐을 덮어 10~20분간 중간발효시킨다.

5 반죽을 둥글리기 후 큐브틀에 팬닝한다. 가로×세로×높이 7×7×7cm

6 2차 발효 온도 32℃, 습도 75~80%에서 틀 아래 1cm 높이까지 발효
시킨다.

7 뚜껑을 덮어 굽는다.

8 컨벡션 오븐 170℃에서 20분간 굽는다.

완제품 제조공정

1 빵 가운데를 반 잘라 팥앙금 25g, 버터 25g을 샌드한다.

 * 믹싱을 110% 충분히 한다. 설탕량이 적어 구운 갈색이 연하게 나온다.

Olive Cheese Ring

올리브 치즈링

재료

반죽 총 2025g
강력분 1000g, 설탕 100g, 소금 20g, 이스트 30g, 버터 150g, 물 400g [조절]
계란 150g, 분유 30g, 우유 100g

내용물 & 토핑재료
그린올리브 & 롤치즈 & 팬시슈레드 파마산치즈

제조공정

1 반죽재료 전체를 스트레이트법으로 최종단계까지 반죽한다.

2 1차 발효 온도 27℃, 습도 75~80%에서 40~50분간 발효시킨다.

3 100g으로 분할 후 5cm 스틱형태로 예비성형한다.

4 비닐을 덮어 냉장고에서 10~20분간 중간발효시킨다.

5 반죽을 30cm로 가늘고 길게 밀어 펴기한다.

6 그린올리브 8~10개, 롤치즈 10~12개를 올리고 감싼다.

7 물을 바르고 팬시슈레드 파마산치즈를 전체에 묻힌다.

8 2차 발효 온도 32℃, 습도 75~80%에서 40~50분간 발효시킨다.

9 컨벡션 오븐 윗불 150℃에서 13~15분간 굽는다.

완제품 제조공정

1 구운 후 올리브유를 듬뿍 바른다.

 * 반죽 성형 시 폭은 가늘게 3cm, 길이는 길게 30cm로 밀어 펴기한다.
　　　* 반죽 휴지를 차갑게 하면 성형 시 편하다.
　　　* 구울 때 파마산치즈 색이 많이 나지 않도록 온도 관리에 주의한다.
　　　* 정해진 내용물 대신 건조 토마토, 데친 베이컨, 소시지, 치즈 등으로 다양하게 조합할 수 있다.

Platy

플라티

재료

반죽 총 2437g

강력분 750g, 프랑스밀[T55] 250g, 설탕 182g, 소금 20g, 이스트 40g

버터 455g, 계란 405g, 우유 185g, 발효반죽 150g

내용물 & 토핑재료

크림파티시에르 [기본소스 & 크림 p.70 참조]

바닐라생크림/크림파티시에르 250g, 마스카포네 250g, 생크림 700g, 설탕 60g, 쿠앵트로 40g

바닐라생크림 제조공정

1 생크림, 설탕, 쿠앵트로를 단단하게 휘핑한다.

2 크림파티시에르를 부드럽게 휘젓고 마스카포네와 같이 생크림에 혼합
   한다.

   * 생크림과 크림파티시에르 + 마스카포네 혼합 시 짧고 강하게 혼합한다.

제조공정

1 반죽재료 전체를 스트레이트법으로 최종단계까지 반죽한다.

2 1차 발효 온도 27℃, 습도 75~80%에서 60~70분간 발효시킨다.

3 80g으로 분할 후 둥글리기한다.

4 가로×세로×높이 7cm로 큐브 틀에 팬닝한다.

5 2차 발효 온도 35~40℃, 습도 75~80%에서 30~40분간 발효시킨다.

6 뚜껑을 덮고 컨벡션 오븐 160℃, 15~16분간 굽는다.

완제품 제조공정

1 빵 6면체 중 한 곳으로 바닐라생크림 40g을 주입한다.

Cream & Cream
크림 & 크림

재료

반죽 총 2558g

강력분 1000g, 설탕 120g, 소금 18g, 이스트 40g, 분유 30g, 버터 150g, 물 670g

코코아파우더 80g, 계란 150g, 구운 호두분태 100g, 초코칩 200g

내용물 & 토핑재료

우유크림/생크림 700g, 마스카포네 250g, 연유 90g, 설탕 40g, 보쥬밀크 리큐르 40g

우유크림 제조공정

1 생크림, 마스카포네, 연유, 설탕, 보쥬밀크를 모두 단단하게 휘핑한다.

 * 전 재료를 한번에 휘핑해야 마스카포네의 덩어리가 생기지 않는다.

제조공정

1 반죽재료 전체를 스트레이트법으로 최종단계까지 반죽한다.

2 1차 발효 온도 27℃, 습도 75~80%에서 60~70분간 발효시킨다.

3 80g으로 분할 후 둥글리기한다.

4 둥글리기로 재성형 후 지름 8cm, 높이 6cm의 원통 틀에 팬닝한다.

5 2차 발효 온도 32℃, 습도 75~80%에서 30~40분간 발효시킨다.

6 컨벡션 오븐 160℃, 15~16분간 굽는다.

완제품 제조공정

1 빵을 가로 절판 슬라이스 후 중간에 딸기리플잼을 넣는다.

2 높이 8cm의 투명띠를 빵에 두르고 빈 공간을 우유크림으로 가득 채운다.

3 계절과일이나 몰드에 얼려둔 우유크림으로 장식한다.

Chestnut Red Bean Bread

밤 단팥빵

재료

반죽 총 2300g

강력분 1000g, 설탕 200g, 소금 18g, 이스트 40g, 분유 30g

버터 300g, 계란 200g, 물 220g, 우유 200g

내용물 & 토핑재료

팥앙금/팥앙금 1000g, 구운 마카다미아 300g

보늬밤

팥앙금 제조공정

1 팥앙금을 마카다미아와 혼합 후 60g씩 분할해 둔다.

제조공정

1 반죽재료 전체를 스트레이트법으로 최종단계까지 반죽한다.

2 1차 발효 온도 27℃, 습도 75~80%에서 60~70분간 발효시킨다.

3 50g으로 분할하여 둥글리기한 후 10분간 중간발효시킨다.

4 반죽에 팥앙금을 넣고 보늬밤 한 개를 가운데 넣는다.

5 평철판에 팬닝 후 지름 9cm 링틀을 올린다.

6 2차 발효 온도 35~40℃, 습도 75~80%에서 60~70분간 발효시킨다.

7 계란칠 후 검은깨를 올리고 170℃의 컨벡션 오븐에서 8~9분간 굽는다.

 * 마카다미아를 너무 갈색으로 굽지 않는다. 연한 노란빛 정도로 굽는다.

Pain au Lait Kaimak Cream

뺑 오 레 카이막크림

재료

반죽 총 1970g

강력분 1000g, 설탕 120g, 소금 20g, 이스트 30g

버터 150g, 계란 100g, 우유 550g

내용물 & 토핑재료

카이막크림/우유 1000g, 버터 700g, 소금 4g, 전분 85g, 분유 50g

꿀리/물 330g, 꿀a 200g, 설탕a 100g, 펙틴 25g, 설탕b 800g, 꿀b 395g, 판젤라틴 20g

카이막크림 제조공정

1 전 재료를 냄비에 넣고 커스터드 크림화되도록 끓여서 차갑게 보관한다.

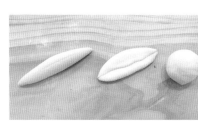

꿀리 제조공정

1 물, 꿀a, 설탕a, 펙틴을 냄비에 끓인다.

2 꿀b, 설탕b를 넣어 다시 끓이고 불린 젤라틴을 넣고 차갑게 식혀 사용한다.

제조공정

1 반죽재료 전체를 스트레이트법으로 최종단계까지 반죽한다.

2 1차 발효 온도 27℃, 습도 75~80%에서 40~50분간 발효시킨다.

3 60g으로 분할 후 둥글리기한다.

4 반죽이 차갑게 되도록 20분간 냉장고에 휴지시킨다.

5 반죽을 밀어 펴고 3단 접어 길이 15cm 고구마형태로 성형한다.

6 2차 발효 온도 35~40℃, 습도 75~80%에서 30~40분간 발효시킨다.

7 계란칠 후 가위로 윗면 전체 커팅 후 쌍백당을 뿌린다.

8 데크오븐 윗불 200℃ 아랫불 170℃에서 9~10분간 굽는다.

완제품 제조공정

1 빵을 자르고 꿀리를 안쪽에 모두 바른다.

2 차가운 카이막크림을 가득 채운다.

Mont Blanc
몽블랑

재료

반죽
강력분 1000g, 설탕 100g, 소금 18g, 이스트 45g, 제빵개량제 20g
버터 80g, 달걀 80g, 분유 40g, 물 460g, 판버터 500g

토핑용 시럽
물 1000cc, 설탕 1200g, 럼(바카디) 150mL

데코
살구잼 100g, 데코 스노우 100g

제조공정

1 소금과 이스트를 제외한 반죽을 70% 믹싱(저속 3분) 후 30분 실온 휴지시키고 하루 동안 냉장 숙성한다.

2 하루가 지난 뒤 소금, 이스트를 투입하고 저속 2분 믹싱한다.

3 반죽을 밀어 펴서 냉동고에서 휴지시킨 후 판버터를 넣고 3절 3회로 밀어 제조한다.

4 냉장 휴지된 제품을 60cm×60cm로 4.5mm 두께로 밀어준 뒤 4cm씩 커팅한다.

5 1개당 180g 정도이며 냉동휴지 후 말아서 성형 후 사용한다.

6 2차 발효는 온도 26~27℃, 습도 65~70%에서 80~90분간 1차 발효시킨다.

7 세르클(지름 12cm)에 가득 찰 정도로 발효한다.

8 컨벡션 오븐에서 175℃에 25+@ 굽는다.

9 식은 뒤 50℃로 데운 시럽을 70g 먹이고 살구잼을 바른 후 데코스노우를 뿌려 마무리한다.

Moir

무아르

재료

반죽

강력분 1000g, 설탕 80g, 소금 27g, 이스트 45g

버터 100g, 분유 30g, 물 495g, 판버터 500g

아몬드크림

버터 250g, 설탕 250g, 아몬드파우더 250g, 계란 150g

토핑

앱솔루트 크리스탈 200g, 펄슈거 100g

아몬드크림 제조공정

1   버터는 크림화를 시켜준다.

2   설탕을 넣고 섞어준다.

3   계란을 넣고 풀어준다.

4   마지막으로 아몬드파우더를 넣고 섞어 사용한다.

제조공정

1   차가운 물을 이용하여 저속 3분 고속 3분 믹싱한다.

2   반죽을 파이롤러로 밀어 편 후 비닐에 싸서 40분~1시간 30분 정도 냉
    동실에서 휴지시킨다.

3   반죽에 유지를 넣고 4절 1번 3절 1번 밀어서 냉동 보관한다.

4   두께 4mm, 7×50cm로 재단한 후 아몬드크림을 바른다. 이후 몰드에
    서 웨이브를 잡아준다.

5   발효실 26~27℃, 80분 정도 발효한다.

6   데크오븐 190/200℃에서 25+2분 정도 굽는다.

7   완성 후 앱솔루트 크리스탈을 바르고 펄슈거를 뿌려준다.

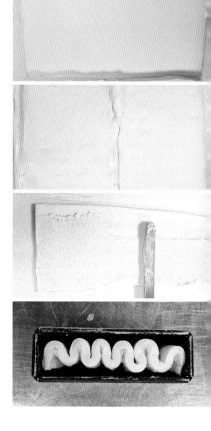

Coffee Bun
커피 번

재료

반죽
강력분 1000g, 설탕 120g, 소금 15g, 이스트 40g, 제빵개량제 10g
버터 160g, 달걀 100g, 분유 90g, 커피분말 18g, 물 600g

속재료
버터 400g, 소금 4g, 크림파티시에르파우더 250g, 물 300g

토핑용 크림
버터 300g, 설탕 240g, 달걀 150g, 중력분 250g, 커피 엑기스 25g

제조공정

1 반죽재료 전체를 스트레이트법으로 반죽한다.

2 믹싱은 최종단계까지 한다.

3 1차 발효 온도 27℃, 습도 75~80%에서 40~50분간 발효시킨다.

4 1차 발효된 반죽을 65g씩 분할하여 둥글리기한다.

5 반죽에 속재료를 35g씩 넣은 후 싸서 원형으로 성형한다.

6 2차 발효 온도 35~40℃, 습도 75~80%에서 25~35분간 발효시킨다.

7 2차 발효 후 토핑용 크림을 동그랗게 짜준다.

8 윗불 200℃ 아랫불 175℃의 오븐에서 17~20분간 굽는다.

속재료 제조공정

1 크림파티시에르파우더에 물을 혼합한 후, 버터와 소금을 넣고 냉장고에 숙성시켜 사용한다.

토핑용 크림 제조공정

1 해동된 버터와 설탕을 크림화한 후 달걀을 넣고 크림화한다.

2 커피 엑기스를 넣고 섞어준다. 체친 중력분을 넣고 혼합한 후 30분간 휴지시킨 다음 사용한다.

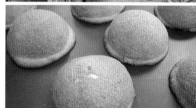

Greek Onion Sausage Bread

대파 소시지 브레드

재료

반죽
강력분 1000g, 이스트 40g, 소금 20g, 설탕 100g, 버터 100g, 계란 1ea
우유 550g, 생크림 100g

토마토 소스
시판용 토마토 소스 600g

토핑
대파 200g, 피자치즈 400g, 마요네즈 400g, 양파 200g, 후랑크 소시지 20ea

제조공정

1 버터를 제외한 모든 재료를 스트레이트법으로 믹싱한다.

2 클린업 단계에서 버터를 넣고 최종단계까지 반죽한다.

3 1차 발효 후 95g으로 분할하여 둥글리기한 뒤 중간발효한다.

4 반죽을 타원형의 두께 5mm 길이 12cm로 밀어 편 뒤 가운데 부분에 토마토 소스를 30g 길게 짜준다.

5 소스 위에 소시지를 올려 꾹 눌러준다. 발효실에 넣어준다.

6 온도 28℃, 습도 75~80%에서 40~50분간 1차 발효시킨다.

7 발효가 끝나면 소시지를 한 번 더 눌러준 후 토핑물을 올려준다.

8 7 위에 마요네즈, 피자치즈, 마요네즈, 대파, 블랙올리브 순서대로 토핑한다.

9 215/190의 온도로 12~13분 굽고 윗면과 아랫면의 색을 봐준 뒤 필요하면 추가로 굽는다.

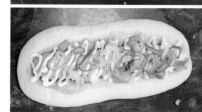

10 구워진 빵에 버터물을 바르고 식혀서 포장한다.

Fresh Cream Cheese Bun

생크림 치즈번

재료

반죽
강력분 750g, 설탕 150g, 소금 9g, 버터 120g, 달걀 3ea, 이스트 30g
검정깨 50g, 제빵개량제 10g, 물 180g

속치즈 재료
크림치즈 600g, 설탕 120g

치즈토핑 재료
크림치즈 120g, 우유 30g, 이스트 1g, 아몬드 슬라이스 100g

생크림 속재료
생크림 1500g, 설탕 100g

제조공정

1 반죽재료 전체를 넣고 스트레이트법으로 최종단계까지 믹싱한다.
2 반죽온도는 27℃로 맞춘다.
3 온도 28℃, 습도 75~80%에서 40~50분간 1차 발효시킨다.
4 1차 발효된 반죽을 60g으로 분할하고 둥글리기한다.
5 중간발효된 반죽을 둥글리기한 뒤 속치즈 30g을 포앙한다.
6 반죽 위에 치즈토핑을 발라준다.
7 온도 35~40℃, 습도 75~80%에서 30~40분간 2차 발효시킨다.
8 2차 발효된 후 치즈토핑 위에 아몬드 슬라이스를 뿌려준다.
9 上 200℃, 下 175℃의 오븐에서 15분간 굽는다.
10 식은 제품 안에 생크림을 짜준 후 마무리한다.

속크림재료 제조공정

1 크림치즈와 우유, 이스트를 멍울이 지지 않도록 풀어준다.
2 20분간 실온에서 숙성 후 사용한다.

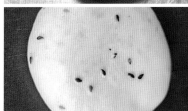
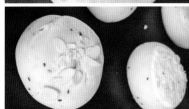
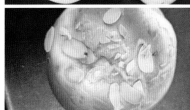

Crami Curry Bun

크래미 카레번

재료

반죽
강력분 1000g, 이스트 40g, 소금 20g, 설탕 100g, 버터 100g, 계란 1ea
우유 550g, 생크림 100g

크래미 카레 필링
삶은 감자 900g, 카레가루 90g, 삶은 계란 3ea, 크래미 550g, 마요네즈 180g, 사과 1ea

머스터드 치즈
크림치즈 420g, 설탕 80g, 생크림 15g, 허니머스터드 60g

데코레이션
빵가루 200g, 검은깨 70g, 참깨 70g

제조공정

1 버터를 제외한 모든 재료를 넣고 스트레이트법으로 믹싱한다.

2 클린업 단계에서 버터를 넣고 최종단계까지 믹싱한다.

3 1차 발효 후 70g으로 둥글리기하여 중간발효한다.

4 반죽을 원형으로 밀어 펴 준 뒤 크래미 카레 필링을 70g 넣고 타원형으로 봉합한다.

5 빵가루를 반죽에 묻힌 뒤 2차 발효한다.

6 반죽 윗면에 칼집을 내준 뒤 머스터드 치즈를 65g 짜준 후 깨를 뿌린다.

7 210/150℃에 10분간 구운 뒤 철판을 한 장 더 아래에 덧댄 후 5분간 더 굽는다.

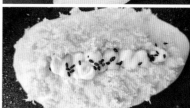

크래미 카레 필링 제조공정

1 삶은 재료의 물기를 완전히 제거한 후 사용한다. 모든 재료를 혼합한다.

머스터드 제조공정

1 크림치즈를 풀어준다.

2 1에 설탕을 투입하고 믹싱한다.

3 2에 생크림과 허니머스터드를 혼합한다.

Honey Bread

허니 브레드

재료

반죽
강력분 960g, 중력분 384g, 소금 28g, 분유 48g, 생이스트 67g, 버터 200g
설탕 269g, 난황 144g, 막걸리 192g, 물 520g

허니필링
버터 320g, 생크림 320g, 계핏가루 24g, 꿀 320g

코코넛 토핑
분당 300g, 건조 코코넛분말 92g, 박력분 23g, 난백 140g

바닥 토핑
구운 아몬드 슬라이스 180g

데코레이션
데코스노우 90g

제조공정

1 버터와 설탕을 크림화하면서 노른자를 조금씩 투입한다.

2 **1**에 나머지 재료를 넣고 스트레이트법으로 믹싱한다.

3 50~60분간 1차 발효한 뒤 반죽을 폴딩하고 30분간 다시 발효한다.

4 50g으로 분할한 후 둥글리기하여 중간발효한다.

5 미리 만들어 놓은 허니필링(20g)을 반죽에 포앙한다.

6 몰드에 버터를 바르고 아몬드 슬라이스 10g을 깔아준 뒤 **5**의 반죽을 3개 놓는다.

7 2차 발효 후 납작한 깍지로 윗면에 토핑을 30g 넓게 짜준다.

8 170/200℃에 18분간 굽고 앞뒤를 바꿔 5~6분 정도 더 구워준다.

9 빵이 충분히 식으면 데코스노우를 뿌려준다.

허니필링 제조공정

1 버터, 계핏가루, 꿀을 볼에 넣고 부드럽게 풀어준다.

2 생크림은 90%로 휘핑하여 **1**에 섞어준다.

3 스쿱으로 20g씩 퍼서 냉동 보관한다.

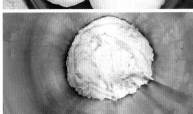

코코넛 토핑 제조공정

1 난백에 분당을 3회에 나누어 투입하며 머랭을 올린다.

2 **1**이 60% 정도 올라오면 건조 코코넛분말과 박력분을 섞어준다.

Makgeolli Walnut Red Bean Bun
막걸리 호두 앙금번

재료

반죽

강력분 960g, 중력분 384g, 생이스트 67g, 소금 28g, 분유 48g
막걸리 192g, 물 520g, 크림화 버터 613g

크림화 버터

버터 200g, 설탕 269g, 노른자 144g

충전물

통팥앙금 2400g, 구운 호두 1200g

토핑

참깨 50g, 우유 20g

제조공정

1 모든 재료를 넣고 글루텐을 90% 믹싱한다.

2 1차 발효 후 80g으로 분할해 준다.

3 밀대로 밀어 편 후 휴지한다.

4 제조한 충전물 100g을 넣고 성형(포앙)한다.

5 2차 발효 후 반죽 윗면에 우유를 발라준 뒤 참깨 토핑물을 밀대에 찍어 반죽에 찍어준다.

6 오븐온도 200/150℃에 15분간 굽는다.

크림화 버터 제조공정

1 버터, 설탕 혼합한 후 노른자를 넣고 크림화한다.

충전물

1 통팥앙금과 호두를 구워 식힌 후 앙금과 혼합한다.

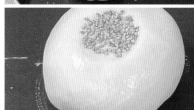

Cheese Sucre

치즈 수크레

재료

반죽
강력분 1000g, 전란 300g, 노른자 200g, 우유 300cc, 소금 20g, 설탕 120g
드라이이스트 16g, 버터 500g

치즈토핑재료
크림치즈 1100g, 설탕 200g, 생크림 40g

토핑
노른자 100g, 하겔슈거 200g

제조공정

1   모든 재료를 넣고 반죽이 클린업될 때 버터를 넣고 믹싱하여 마무리한다.

2   1차 발효 후 100g씩 분할하여 중간발효한다.

3   재차 둥글린 후 몰드에 팬닝하여 2차 발효한다.

4   2차 발효된 제품에 계란물을 칠하고 치즈크림을 3곳에 짜준다.

5   밑바닥이 뚫리지 않을 정도의 양을 짜주고 하겔슈거를 윗부분에 뿌려
    준다.

6   180/180℃의 데크오븐에 13분+3분 정도 구워준 후 냉각한다.

속크림 재료 제조공정

1   모든 재료를 넣고 믹싱한다.

Cheese Fig Campagne

무화과 치즈 깜빠뉴

재료

반죽
강력분 755g, 물 560cc, 이스트 8g, 소금 14g

속재료
건무화과 1000g, 레드와인 300g, 설탕 300g

속크림 재료
필라델피아 크림치즈 1360g, 설탕 250g, 생크림 50g

제조공정

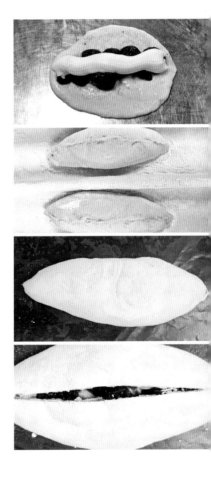

1 강력분, 물 저속 3분 믹싱한다.(반죽이 뭉쳐지면 종료)

2 **1**을 1시간 실온에 둔다.

3 이스트, 소금을 넣고 중속으로 믹싱한다.(7~10분 정도)

4 실온 1시간 발효 후 폴딩(3번 접기)한다.

5 반죽을 250g으로 분할한다.

6 반죽을 펴서 레드와인에 절인 무화과 100g을 골고루 펴고 속크림치즈 50g을 짤주머니로 짜서 말아준다.

7 2차 발효는 발효실에서 20~25분 정도 준다.

8 양쪽에 5번 칼집을 내고 240/220℃의 데크오븐에 스팀 주고 25분 정도 베이킹한다.

레드와인무화과 제조공정

1 건무화과 꼭지 제거 후 2~3등분으로 자르고 설탕과 레드와인을 넣은 볼에 약불로 서서히 졸여서 와인향을 먹인다.

속크림 재료 제조공정

1 모든 재료를 넣고 믹싱한다.

Pave
파베

재료

반죽

강력분 700g, 중력분 300g, 설탕 25g, 소금 20g, 이스트 40g, 제빵개량제 15g, 올리브유 30g
살라미 90g, 슬라이스 햄 120g, 모짜렐라 치즈 420g, 물 670g

제조공정

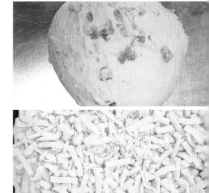

1 살라미, 슬라이스 햄은 1cm 너비로 잘라 놓는다.
2 **1**의 재료와 치즈를 빼고 반죽한다.
3 최종단계에 **1**의 재료인 살라미, 슬라이스 햄을 넣고 반죽하여 마무리한
   다. 반죽온도는 27℃로 한다.

4 온도 27℃, 습도 75~80%에서 40~50분간 1차 발효시킨다.
5 1차 발효 후 반죽을 두 덩이로 나누어 4~5mm 두께의 정사각형으로 밀
   어 편다.
6 밀어 편 반죽 위에 치즈를 뿌려준다.

7 2차 발효를 한다.
8 반죽을 5 × 5cm로 자른 후 팬닝한다.
9 上 210℃, 下 190℃의 오븐에서 15~18분간 굽는다.

* 치아바타와 공정이 같다.
* 공정 중 반죽에 펀치를 주면 더욱 풍미를 느낄 수 있다.

Corn Cheese Bread

콘치즈 브레드

재료

반죽
강력분 750g, 생이스트 45g, 설탕 120g, 소금 15g, 분유 24g
달걀 200g, 우유 280g, 버터 150g

필링
옥수수 통조림 200g, 롤치즈 150g, 달걀물 약간

토핑
마요네즈 80g, 모짜렐라 치즈 150g, 바질페이스트 140g

제조공정

1 버터를 제외한 전 재료를 믹서 볼에 넣고 믹싱한다. 버터는 클린업 단계 후 2~3회에 나누어 투입한다.(1단 1분, 2단 1~2분, 3단 6~7분, 1단 1~2분)

2 온도 27℃, 상대습도 75~80%에서 40분간 1차 발효시킨다.

3 200g씩 분할한 다음 반죽표면이 매끄럽게 되도록 둥글리기한다.

4 10~15분간 표피가 마르지 않도록 실온에서 중간발효시킨다.

5 반죽을 밀대로 가볍게 밀어 펴 15×15cm 크기가 되면 롤치즈와 옥수수를 전체적으로 골고루 얹어준다.

6 윗면부터 끝부분을 손가락으로 자연스럽게 누르면서 말아준다.

7 반죽의 이음매 부분을 꼼꼼히 눌러 붙여주고 매끈한 면이 위로 가게 팬닝한다.

8 반죽의 중간을 칼로 살짝 그어 내용물이 약간 보이게 한 후, 반죽 표면에 달걀물을 골고루 발라주고 2차 발효(온도 35~38℃, 상대습도 85%에서 20~30분간)시킨다.

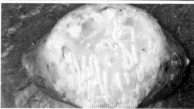

9 2차 발효 후 칼집 낸 부분에 모짜렐라 치즈와 마요네즈를 짜주고, 上 170℃, 下 150℃ 오븐에 25~30분간 굽는다.

10   제품이 식으면 바질페이스트 20g을 토핑부분에 발라준다.

 * 마요네즈가 바닥에 흘러 타지 않도록 주의해서 짜준다.

Blueberry Cream Cheese Bun
블루베리 크림치즈번

재료

반죽

강력분 1000g, 설탕 200g, 소금 20g, 이스트 50g, 개량제 10g
버터 120g, 계란 6ea, 우유 200cc, 물 230cc

속재료

크림치즈 1000g, 설탕 150g, 버터 50g
블루베리파이 필링 1can(590g)

제조공정

1 반죽재료 전체를 스트레이트법으로 반죽한다.

2 믹싱은 최종단계까지 한다.

3 1차 발효 온도 27℃, 습도 75~80%에서 40~50분간 발효시킨다.

4 1차 발효된 반죽을 65g씩 분할하여 둥글리기한다.

5 **4** 반죽에 크림치즈 속을 35g씩 넣은 후 싸서 타원형으로 성형한다.

6 성형한 반죽 가운데를 칼로 자른 후 2차 발효를 한다.

7 2차 발효 온도 35~40℃, 습도 75~80%에서 30~40분간 발효시킨다.

8 2차 발효 후 칼집 사이에 블루베리 필링을 적당량 채워넣는다.

9 上 205℃, 下 175℃의 오븐에서 14~17분간 굽는다.

10 오븐에서 나온 빵에 버터를 살짝 바른다.

속재료 제조공정

1 설탕과 버터를 혼합한다.

2 **1**에 크림치즈를 넣고 혼합하여 냉장고에 휴지한 후 사용한다.

 * 덧가루는 사용하지 않는 것이 좋다.
* 크림치즈를 넣고 봉합 시 터지지 않도록 꼼꼼히 붙여준다.

Brownie Danish
브라우니 데니쉬

재료

반죽
강력분 1450g, 설탕 130g, 소금 32g, 이스트 58g, 분유 42g, 버터 146g, 물 688cc, 속버터 500g

초코반죽
강력분 1378g, 코코아파우더 72g, 설탕 130g, 소금 32g, 이스트 58g, 분유 42g
버터 146g, 물 688cc, 속버터 500g

브라우니반죽
중력분 225g, 코코아파우더 75g, 베이킹파우더 10g, 소금 5g, 계란 900g, 설탕 650g, 버터 450g
초콜릿 575g, 호두분태 50g

샹티크림
생크림 1000cc, 설탕 160g

기본반죽(초코반죽) 제조공정

1. 반죽재료 전체를 스트레이트법으로 반죽한다.
2. 발전단계까지 믹싱한다.

초코브라우니 제조공정

1. 초콜릿과 버터는 함께 중탕하고 가루는 체친 뒤 계란과 설탕을 믹싱한다.
2. 풀어준 계란에 녹인 버터, 초콜릿을 넣고 섞어준다.
3. 가루재료를 넣고 섞은 후 호두분태를 넣고 섞어준다.
4. 60cm×40cm 팬에 팬닝하여 데크오븐 210/170℃에서 약 15분 굽는다.

제품 제조공정

1. 브라우니는 10cm 링 커터로 잘라준다.
2. 기본도우는 냉장 해동 후 파이롤러로 10mm까지 밀어준다.
3. 1cm로 밀어 편 도우를 32cm로 커팅하여 1쪽은 바닥으로 사용하고, 한쪽은 0.5cm 간격으로 커팅한다.
4. 바닥으로 사용하는 도우에 물을 발라주고, 자른 도우는 결의 위로 오게 하여 바닥면 도우에 빈틈없이 일자로 붙여준다.
5. 4의 작업을 한 도우를 파이롤러에서 3mm까지 밀어준다.
6. 밀어 편 도우를 15cm×15cm로 성형한다.
7. 결이 보이는 면을 바닥에 놓고 브라우니를 올려 감싸준다.
8. 지름 10cm의 링 몰드에 넣고 간격에 맞게 팬닝해 준다.
9. 발효실 온도 27℃에서 70% 발효시킨다.
10. 컨벡션 180℃ 바람 2단에서 16분간 구워준다.
11. 구워 나온 제품을 식혀 밑면에 샹티크림으로 속을 채워 마무리해 준다.

Hotteok Red Bean Paste Bread

호떡 팥앙금 브레드

재료

반죽
강력분 750g, 설탕 75g, 소금 12g, 제빵개량제 10g, 달걀 2ea
우유 300g, 물 75g, 이스트 30g, 버터 100g

속재료
고운 팥앙금 1000g, 구운 호두 200g, 흑설탕 100g

토핑재료
호두분태 22g, 검정깨 100g

제조공정

1 반죽재료 전체를 스트레이트법으로 반죽한다.

2 반죽온도는 27℃로 한다.

3 온도 27℃, 습도 75~80%에서 40~50분간 1차 발효시킨다.

4 1차 발효된 반죽을 60g으로 분할하고 둥글리기한다.

5 중간발효된 반죽에 속앙금 55g을 넣어 단팥빵처럼 성형한다.

6 온도 35~40℃, 습도 75~80%에서 30~40분간 2차 발효시킨다.

7 호두분태 1g을 가운데 놓고 주위에 검정깨를 뿌려준다.

8 실리콘 페이퍼를 위에 깔고 철판 1장을 올려놓는다.

9 上 210℃, 下 185℃의 오븐에서 15분간 굽는다.

속재료 제조공정

1 호두를 구워놓는다.

2 모든 재료를 혼합하여 사용한다.

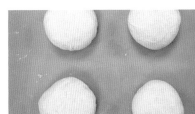

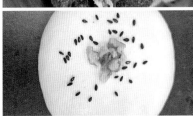

Bacon Epi
베이컨 에삐

재료

반죽

강력분 1000g, 생이스트 45g, 소금 15g, 제빵개량제 15g, 물 560g

부재료

베이컨 300g, 올리브유 20g, 로즈마리 5g(장식용)

제조공정

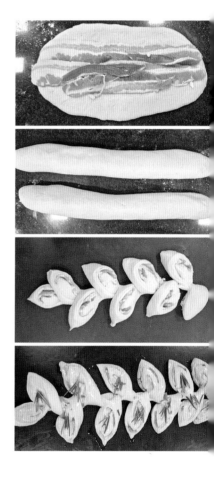

1. 강력분, 생이스트, 소금, 제빵개량제, 물을 믹서 볼에 넣고 믹싱한다.(1단 1분, 2단 1~2분, 3단 4~5분)

2. 온도 27℃, 상대습도 75~80%에서 40분간 1차 발효시킨다.

3. 250g씩 분할한 다음 반죽 표면이 매끄럽게 되도록 둥글리기한다.

4. 10~15분간 표피가 마르지 않도록 실온에서 중간발효시킨다.

5. 밀대를 이용해 길쭉한 타원형이 되도록 밀어 편 후 베이컨을 얹고 바게트형(긴 원통 모양)으로 말아준다.

6. 성형된 반죽을 평철판에 팬닝 후 가위로 잘라 이삭 모양이 되도록 양옆으로 벌려준다.

7. 이삭 모양이 된 반죽에 올리브유를 골고루 발라주고 로즈마리는 적당히 뿌려준다.

8. 온도 35~38℃, 상대습도 85%에서 20~30분간 2차 발효시킨다.

9. 上 220℃, 下 200℃ 오븐에서 15~20분간 굽는다.

 * 가위로 자를 때 일정한 간격을 유지해야 균형 잡힌 이삭 모양이 완성된다.

Almond Brioche
아몬드 브리오슈

재료

반죽
강력분 960g, 중력분 240g, 이스트 50g, 소금 12g, 설탕 250g, 버터 280g
제빵개량제 8g, 달걀 350g, 우유 230g, 믹스트필 150g

토핑
달걀 흰자 200g, 설탕 180g, 아몬드 분말 70g
슬라이스 아몬드 150g(장식용), 슈거파우더 10g(장식용)

제조공정

1 버터와 믹스드필을 제외한 전 재료를 믹서 볼에 넣고 믹싱한다. 버터는 클린업 단계 후 3~4회에 나누어 투입한다. 믹스드필은 믹싱 완료 후 가볍게 섞어준다.(1단 1분, 2단 1~2분, 3단 6~7분, 1단 1~2분)

2 온도 27℃, 습도 75~80%에서 40~45분간 1차 발효시킨다.

3 150g씩 분할하여 반죽 표면이 매끄럽게 되도록 타원형으로 둥글리기 한다.

4 10~15분간 표피가 마르지 않도록 실온에서 중간발효시킨다.

5 손으로 가볍게 가스를 빼준 뒤, 유선형으로 성형한다.

6 온도 35~38℃, 상대습도 85%에서 25~30분간 2차 발효시킨다.

7 2차 발효가 완료되면 짤주머니에 원형모양 깍지를 끼우고 토핑 반죽을 넣어 지그재그로 짠 다음 슬라이스 아몬드를 뿌려준다.

8 上 180℃, 下 170℃에서 20~25분간 굽는다.

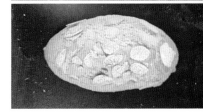

토핑 제조공정

1 흰자에 설탕을 넣어 80% 정도의 머랭을 만든다.

2 완성된 머랭에 아몬드 분말을 넣고 가볍게 섞어준다.

* 2차 발효는 성형한 반죽의 1.5배 정도의 크기면 충분하고, 토핑물을 2차 발효 완료시점에 맞추어 제조한다. 미리 만들어두면 머랭이 주저앉아 원하는 제품을 얻을 수 없다.

Ink Cheese Roll

먹물 치즈롤

재료

반죽
강력분 460g, 물 170g, 소금 12g, 생이스트 4g, 꿀 100g, 올리브오일 32g
먹물 12g, 폴리쉬반죽 400g

폴리쉬반죽
강력분 200g, 물 200g, 이스트 1g

속재료
롤치즈 220g

제조공정

1. 꿀, 올리브오일, 먹물을 제외한 모든 재료를 넣고 글루텐 80%까지 형성한다.
2. 꿀, 올리브오일, 먹물을 넣고 글루텐 100%를 형성해 준다.
3. 반죽을 상온에서 1시간 간격으로 2번 폴딩해 준다.
4. 마지막 폴딩 후 80g으로 분할한다.
5. 반죽 한 덩이에 롤치즈 14g씩 포앙한 뒤 럭비공 모양으로 성형한다.
6. 광목천에 옮겨 담아 발효시킨다.
7. 발효된 반죽에 칼집을 3번 넣어준다.
8. 데크오븐 230/200℃에서 10~12분간 스팀 넣고 구워준다.

폴리쉬반죽 제조공정

1. 밀가루와 물, 이스트를 혼합하여 실온 4시간 발효 후 냉장에서 24시간 저온발효한 뒤 사용한다.

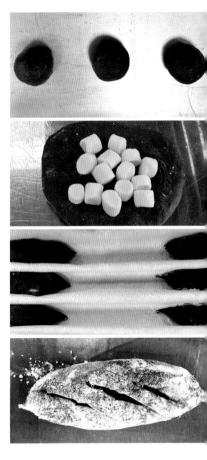

Black Tea Red Bean Butter Bread
홍차 앙금버터 브레드

재료

반죽

강력분 1000g, 소금 25g, 드라이이스트 10g, 계량제 10g, 올리브오일 34g
홍차가루 26g, 홍차물 800g, 홍차티백(3.9g) 5ea

속재료

고운 앙금 1500g, 버터 600g

제조공정

1 홍차티백은 반죽물에 미리 우려 놓는다.

2 모든 재료를 넣고 반죽한다.

3 상온에서 30분 간격으로 2회 폴딩한다.

4 반죽을 두께 1cm로 밀어 편 후 가로 7cm×세로 17cm×두께 1cm로 재
단한다.

5 220/200℃에서 스팀 주고 15분간 구운 뒤 오븐문 열고 2~3분간 말
린다.

6 제품이 식은 후 가운데를 커팅한다.

7 가운데 속에 앙금(150g)을 바른다.

8 버터(60g)를 커팅 후 앙금 위에 올려 채워서 마무리한다.

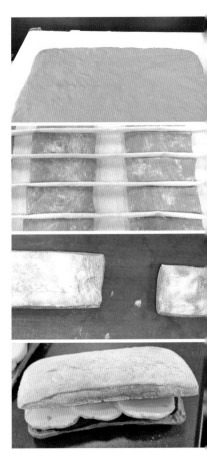

Chestnut Cream Danish
밤크림 데니쉬

재료

반죽
강력분 724g, 설탕 65g, 소금 16g, 분유 22g, 버터 74g, 이스트 29g, 물 344g
속버터 500g

밤크림
보늬밤페이스트 390g, 페이스트리크림 260g, 생크림 150g

토핑
보늬밤 1/2개

제조공정

1. 속버터를 제외한 모든 재료를 넣고 반죽한다.(반죽온도 15~17℃ ; 1단 4분, 2단 4분)
2. 반죽을 제조한 후 냉장고에서 30분~1시간 휴지한다.
3. 속버터를 감싸 4절 1회 3절 1회 접어준다.
4. 밀어 펴기한 도우를 냉동 휴지한 후 사용한다.
5. 두께 2mm로 밀어 재단 후 성형한다.
6. 세로 40cm×가로 3cm로 자른 뒤 3장을 겹친 다음 말아준다.
7. 큐브틀에 넣어 발효실에서 발효한다.
8. 온도 26~27℃, 습도 65~70%에서 60~70분간 발효시킨다.
9. 180℃ 오븐에 넣어 17분 정도 구워준다.
10. 제품을 식힌 뒤 밤크림을 제품 밑면으로 20g 짜준 후 위에 데코한다.

밤크림 제조공정

1. 생크림을 휘핑한 후 페이스트리크림과 보늬밤페이스트를 혼합한다.

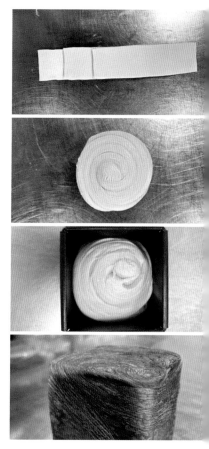

Italian BLT Sandwich

이탈리안 BLT 샌드위치

재료

재료

보스톡 식빵 3장, 베이컨 3장, 토마토 1개, 슬라이스햄 1장, 슬라이스치즈 1장, 양상추 1/4개
양파 1/2개, 피클 4개

소스

홀그레인 머스터드 20g, 마요네즈 40g, 연유 10g, 레몬즙 약간, 딸기잼 30g

제조공정

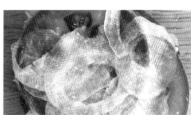

1 1~1.5cm 두께의 보스톡 식빵을 준비한 후 프라이팬에 앞뒤로 구워준다.

2 야채는 세척 후 물기를 제거한다.

3 양파는 슬라이스한 후 찬물에 담갔다가 물기를 제거한다.

4 토마토는 슬라이스한 후 소금과 후추를 뿌려준다.

5 햄과 베이컨을 잘 구워준다.

6 보스톡빵→소스→양상추→양파→베이컨→보스톡빵→딸기잼→햄→
   치즈→토마토→피클→양상추→보스톡빵→포장

* 빵을 식힌 후 소스를 바르는 것이 좋다.
* 베이컨에 스테이크 소스를 버무려 사용해도 좋다.

Avocado Green Sandwich
아보카도 그린 샌드위치

재료

화이트빵 2개, 그린 토마토 1개, 오이 1/2개, 아보카도 1개, 비타민 1송이

소스

바질페스토 50g, 마요네즈 약간, 레몬즙 약간

발사믹 드레싱

올리브 60g, 발사믹 식초 20g, 소금·후추 약간씩, 다진 마늘 10g

• 모든 재료를 골고루 혼합한다.

제조공정

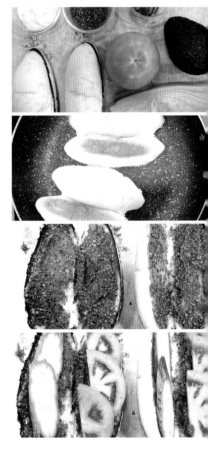

1 화이트빵을 1/2로 칼집을 넣고 그릴에 살짝 굽는다.

2 토마토와 오이는 1/2로 가른 후 사선으로 0.5cm 정도 두께로 슬라이스한다.

3 비타민은 세척 후 물기를 제거한다.

4 아보카도는 숙성된 것을 선택하여 반으로 가른 후 씨를 제거하고 껍질을 벗겨 0.5cm 두께로 슬라이스한다.

5 화이트빵→바질소스→비타민→토마토→오이→아보카도→발사믹 드레싱→포장

Tofu Ball Skewers Sandwich

두부볼 꼬치 샌드위치

재료

재료

빵비에누아 2개, 브로콜리 1/4개, 대파 1개, 두부볼 8개, 로메인 6장, 피클 8개, 대나무 꼬치 2개

소스

마요네즈 100g, 허니머스터드 50g, 소금·후추 약간씩

오리엔탈 소스

간장 60g, 참기름 40g, 올리고당 20g, 마늘즙 5g, 맛술·후추 약간씩

• 모든 재료를 골고루 혼합한다.

제조공정

1 비에누아 윗면을 1/2로 칼집을 넣고 약불에서 윗면과 아래 바닥을 살짝 굽는다.

2 대파는 2cm 정도 길이로 썰어준 후 소금을 조금 넣고 팬에 골고루 구워준다.

3 브로콜리는 식초물에 10분 정도 담근 후 깨끗하게 세척하고 물기를 제거한 후 팬에 소금을 뿌리면서 골고루 구워준다.

4 두부볼은 팬에 기름을 조금 넣은 후 타지 않게 골고루 구워준다.

5 대파, 브로콜리, 두부볼을 꼬치에 순서대로 끼운 후 프라이팬에 오리엔탈 소스를 뿌려주며 타지 않게 구워준다.

6 비에누아→소스→로메인→피클→두부볼 꼬치→소스 뿌리기

 * 팬에 빵이 타지 않게 최대한 약불에서 구워준다.
* 햄 또는 치즈를 넣어 함께 먹어도 좋다.

Grilled Vegetable Open Sandwich
구운 채소 오픈 샌드위치

재료

재료

곡물빵 2장, 소시지 1개, 브뤼치즈 50g, 크림치즈 50g, 어린잎 채소 20g, 가지 1/2개, 양파 1/2개
아스파라거스 1개, 블루베리 50g, 크림치즈 40g(장식용)

요거트 소스

플레인 요거트 80g, 리코타 치즈 80g, 레몬즙 15g, 꿀 15~20g, 소금·백후추 약간씩

• 모든 재료를 골고루 혼합한다.

제조공정

1   곡물빵은 팬에 구운 후 크림치즈를 골고루 바른다.

2   어린잎 채소와 가지, 블루베리, 아스파라거스를 깨끗이 세척한다.

3   브뤼치즈는 0.5cm 두께로 슬라이스한다.

4   소스는 혼합하여 드레싱을 완성한다.

5   양파는 슬라이스한 후 찬물에 담근다.

6   준비한 접시에 곡물빵을 깔고 그 위에 보기 좋게 재료를 올려준다.

7   드레싱과 블루베리를 올려 장식하고 마무리한다.

French Toast
프렌치 토스트

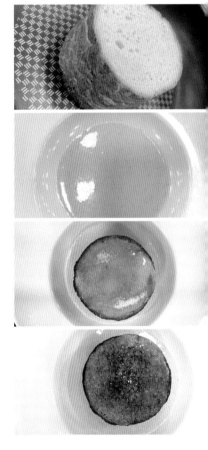

재료

재료

원형 식빵 1개, 생크림 100mL, 달걀 2개, 시럽 40g, 버터 40g, 시나몬파우더 약간
장식용 버터크림 약간, 설탕 약간

바닐라 소스

커스터드 크림 100g, 우유(생크림) 50g

• 모든 재료를 골고루 혼합한다.

제조공정

1 빵은 4~5cm 두께로 썰어서 준비한다.

2 볼에 달걀, 생크림, 시럽 넣고 거품기를 이용하여 완전히 풀어준다.

3 소스에 빵을 충분히 적신 후 달군 팬에 버터를 넣고 앞뒤로 골고루 구워
   준다.

4 접시에 바닐라 소스를 넣은 후 구운 빵을 올려준다.

5 빵 윗면에 설탕을 골고루 뿌린 후 토치를 이용해 캐러멜색이 날 때까지
   태워준다.

6 버터크림은 숟가락을 이용해 원형으로 빵 위에 얹어준다.

 * 소스를 충분히 묻혀주고, 약한 불에서 구워준다.
   * 토치로 설탕을 녹일 때 과하지 않게 태워야 한다.

참고문헌

• 김성곤 외(1997), 제과제빵 과학, (주)비앤씨월드

• 나성주(2024), 디저트 아트, 백산출판사

• 월간제과제빵(1992), 빵·과자 백과사전, 민문사

• 이광석(2000), 제과제빵론, 양서원

• 이명호 외(2007), Basic Baking & Pastry, 기문사

• 채동진 외(2005), 새로운 양과자 재료과학, 백산출판사

• 홍행홍(2003), 합격! 대한민국 제과 기능장, (주)비앤씨월드

• AIB(1980, Jan.), "Evolution of oil in bread products", fast and oil, AIB

• Alice Medrich(1990), Cocolat, NY : Warner books

• Amna Abbound(1995), System approach to reducing fat in baking goods, AIB Tech. Bulletin, 17(12)

• Barry & Tenny(1983), "Dough conditioners and the 1983 crop", Bakers Digest, 57(6)

• Bennion & Bamford(1992), The technology of cake making, London : Blackie Academic & Professionnal

• Bloksma A.H.(1990), "Rheology of the bread making process", Cereal Food World, 35(2)

• Boge A.J.(1985), "Sweetness", ASBE, Chicago

• Cauvain S.P.(1998), "Improving the control of staling in frozen bakery products", Trends in food Science & Technology, 9(2)

• Charles A. Glabau(1962, July). "How much batter should cake pans take?" Bakers Weekly

• Clyde E. Stauffer(1994), "fat & oil function", Baking & Snack, 16(1)

• David J.A.(1979), "Small cake items", Bakers Digest, 53(4)

• Dubois D.K.(1979), "Dough strengtheners & crumb softers", AIB Tech. Bulltin, 1(4 & 5)

• Eliane M.(1986), Cake decoration, London : HP books

• Fennerma O.R.(1985), Food chemistry, 2nd ed., Marcel Dekker, Inc.

• Frazier W.C. & Westhoff D.C.(1978), Food microbiology, 3rd ed., McGraw−Hill book company

- Gist-Brocades Food(1991), "The essential P.B. replacer", Bakery, 26(10)

- Hannerman & Marshall(1978), Cake design and decoration, London ： Applied science publishers Ltd.

- Healy & Bruce(1984), Mastering the art of french pastry, NY ： Barron's

- Hebeda R.E. & Zobet H.F.(1996), Baked goods freshness, Marcel Dekker, Inc.

- Hille & Dam(1992), "Yeast and enzymes in breadmaking", Cereal Food World, 37(3)

- Holemes & Lopez(1997), "Lactose in bakery products", Bakers Digest, 51(1)

- Janec & Balaz(1992, June), "α-amylase and approaches leading to their enhanced stability", FEB, 304

- Johnson B.(1999), "Bakery margarines", Cereal Food World, 44(3)

- Labuda I., Stegmann C., Huang R.(1997), "Yeast and their role in flavor formation", Cereal Food World, 42(10)

- Lehmann & Patrick(1981), "Function of nonfat dry milk and other milk products in yeast raised bakery foods", AIB Tech. Bulletin, 3(10)

- Matz S.A.(1992), Bakery technology and engineering, 3rd ed., AVI.

- Niman S.(1997), "Salt is not just salt-considerable differences exist", Cereal Food World, 42(10)

- Peklo(1995), "Sugar and its use in bakery foods", AIB Tech. Bulletin, 17(6)

- Pyler E.J.(1982), Baking science and technology, Chicago ： Siebel Co.

- Reed & Peppler(1973), Yeast technology, pp.103-133

- Saussele Jr.(1994), "Egg in bakery applications", AIB Tech. Bulletin, 16(12)

- Stadelman & Cotterill(1986), Egg science and technology, Westport ： AVI.

- Sultan W.J.(1983), The pastry chef, Tamarac： VNR

- Wulf Doerry(1995), Baking technology, Manhattan： AIB

Profile

나성주 Na sung ju

email: skiju62@hanmail.net

현) 시그니엘 서울 Bakery pastry chef
- 이학박사
- 롯데호텔 서울 본점 & 잠실점 제과장
- The Dessert 프로그램 심사 및 자문
- 대한민국 제과기능장
- 대한민국 제과제빵 우수숙련 기술인
- 대한민국 제과제빵 산업현장교수
- 2008 독일 IKA 세계요리올림픽 금메달 및 그랑프리 수상
- 2011 EXPOGAST 세계월드컵요리대회 국가대표 겸 팀 매니저(금메달 수상)

하현수 Ha Hyun Soo

현) SPC그룹 컬리너리아카데미
현) 대한민국 제과기능장 KMB 대외협력부회장
- 외식조리관리학 석사
- 대한제과협회 기술분과위원
- 프랑스 르노뜨르 디플로마
- Paris Croissant & Baguette 케이크 디자인 개발
- 레파린느 외 베이커리 제과장
- MBC, KBS, SBS, Olive TV 파티쉐 출연

이소영 Lee so young

현) 대림대학교 제과제빵 겸임교수
현) 서영대학교 외래교수
현) NCS 보수교육 강사
- 국립 한경대학교 이학박사(졸업)
- 대한민국 제과기능장 KMB 서적편찬 부회장
- 전국기능경기대회 심사위원
- 대한민국 제과기능장
- 제과제빵 기능사 감독위원

저자와의
합의하에
인지첩부
생략

제과제빵의 미래를 선도하는 K-Bread

2024년 11월 15일 초판 1쇄 인쇄
2024년 11월 20일 초판 1쇄 발행

지은이 나성주·하현수·이소영
펴낸이 진욱상
펴낸곳 (주)백산출판사
교 정 성인숙
본문디자인 신화정
표지디자인 오정은

등 록 2017년 5월 29일 제406-2017-000058호
주 소 경기도 파주시 회동길 370(백산빌딩 3층)
전 화 02-914-1621(代)
팩 스 031-955-9911
이메일 edit@ibaeksan.kr
홈페이지 www.ibaeksan.kr

ISBN 979-11-6567-946-0 13590
값 19,000원